DESIGN LEADERSHIP

HOW TOP DESIGN LEADERS BUILD AND GROW SUCCESSFUL ORGANIZATIONS

Design Leadership
by Richard Banfield

Copyright © 2018 BNN, Inc.
Authorized Japanese translation of the English edition of
Design Leadership (ISBN 9781491929209)
Copyright © 2016 Richard Banfield
This translation is published and sold by permission of O'Reilly Media, Inc.,
which owns or controls all rights to publish and sell the same through
Japan UNI Agency, Inc., Tokyo.

This Japanese edition is published by BNN, Inc.
1-20-6, Ebisu-minami, Shibuya-ku,
Tokyo 150-0022 JAPAN
www.bnn.co.jp

凡例
・訳注、編注は〔〕で括った。

デザインリーダーシップ

デザインリーダーはいかにして
組織を構築し、成功に導くのか?

リチャード・ベンフィールド 著　　三浦和子 訳

目 次

序文 6

1　企業文化 17

はじめに 17 ／「人」が原点 18 ／文化の基盤を築く 25 ／この章の
ポイント 35

2　人材 37

はじめに 37 ／スモールチームと成長 38 ／人材の発掘はセールスパ
イプラインの開拓に似ている 40 ／自分より賢い人を採用しよう 45
／成長して大きな靴を履けるようになるのではなく、成長して靴を脱
ぎ捨てる 49 ／指導を受け入れる学習意欲の高い人を雇う 51 ／チー
ムの育成 55 ／アプレンティスシップ 60 ／この章のポイント 66

3　オフィススペースとリモートワーク 67

はじめに 67 ／場所を選ぶ 68 ／レイアウトとインテリアデザイン 79
／この章のポイント 88

4　個人的成長とバランスの取れた生活 89

はじめに 89 ／正しくフォーカスする 90 ／パートナーとサポート 92
／バランスをデザインする 96 ／調和の取れた未来をつくる 107 ／
リーダーが成長して、会社が成長する 113 ／この章のポイント 116

5　将来計画 117

はじめに **117** ／天性のプランナーか習得したプランニングか **119** ／不透明で厄介な未来 **123** ／計画を企業文化に適合させる **126** ／プランニングの目的は成功のみ **129** ／点を結ぶ **132** ／計画を特定収益の成果に関連づける **135** ／もっと大胆に賢く **137** ／状況に応じて変わり続ける **139** ／この章のポイント **142**

6　リーダーシップスタイル 143

はじめに **143** ／失敗の贈り物 **144** ／長期的スタイル **155** ／この章のポイント **163**

7　セールスとマーケティング 165

はじめに **165** ／心を開く **167** ／マーケティングをミッションに整合させる **173** ／最善の成果をもたらす組織作り **178** ／新規見込み客をビジネスに変える **183** ／セールスパーソン、コミッション手数料、インセンティブ **189** ／セールスとマーケティングのパイプライン **192** ／自社のセールスレンズを作る **194** ／この章のポイント **204**

8　最大の過ちから学ぶ 205

はじめに **205** ／ビジネスはデザインプロジェクトである **206** ／いくらか手放す **209** ／成長を管理する **211** ／クライアントと共にあるということ **213** ／より良い過ちを犯す **217** ／この章のポイント **221**

序 文

なぜこの本を書いたのか？ 誰のために？

　どういうわけか、リーダーは「すべての答えを持っているべきだ」と思い込まされている。私たちは企業のリーダーシップをほとんど神話的レベルにまで引き上げ、リーダーは何もかもわかっていて、決してミスを犯さないものだと考えている。だが実際は、プロダクトのデザインであれウェブサイトのデザインであれ、あらゆるリーダーは他の人と同じように戸惑っているのだ。ミスを犯し、大失敗し、途中で話をでっち上げる。そして教訓を忘れて、方向を見失う。本書のための調査で、デザインリーダーの50％近くは、自分が「まあまあのリーダー」にすぎず、「まだまだ学ぶべきことが山積みだ」と述べている。自分が「優秀な」リーダーだと思う人は13％だけだ。彼らは北米の一流デザイン会社の責任者なのだから、最も賢明で経験豊かなリーダーでさえ、リーダーシップの課題で苦労していることは間違いない。

　本書を執筆したのは、個人的なフラストレーションを抱えているからでもあり、デザインリーダーシップの意味がひどく誤解されているからでもある。デジタルデザイン組織を成功に導くのは、複雑で骨の折れることだ。明確なマニュアルもガイドブックもない。ところが、リーダーなら何でもわかっているという誤った認識のために、リーダーたちは助けを求めにくくなる。そんな認識を持っていると、リーダーもその指示を待つ従業員も

結局は失望するだけだ。デザインリーダーは適切なガイドと洞察を必要としている。この本で、そうした知識を提供するつもりである。

　私も戸惑っているデザインリーダーのひとりで、成人後はほとんどテクノロジーとデジタルデザインのアントレプレナーとして過ごしてきた。念のために言っておくと、ほぼ20年間だが、そのあいだ辛い経験を通じて学んだのは、「すべての答えを持っている人は誰もいない」ということだ。またリーダーとして、試行錯誤を通して答えを見つけることもできるし、情報源にじかに当たることもできるとわかった。ただ私には、情報源に当たるほうが性に合っている。偉大なデザインリーダーになる方法を知りたければ、最高のデザインリーダーに直接聞けばいい。10年前にデザイン会社Fresh Tilled Soilを設立したとき、私は多くの疑問を抱いていた。明確な答えのない疑問である。しばらくは試行錯誤を通して身をもって答えを学ぶつもりだったものの、やがて、これは非効率的で高くつくことがわかった。そこで本を読み、他のリーダーたちがこうした問題をどのように解決しているのかを知ろうとしたが、本に書かれている答えは少々一般的すぎるように思えた。しかし、私より賢明で経験豊かなデザインリーダーたちと直接話す機会を得たことが突破口となった。彼らとの会話にインスパイアされて作り上げた戦略が成功し、借り入れも外部投資家の支援もなく、

ゼロから数百万ドル規模のデザイン会社に育てることができたのだ。こうした会話に大いに助けられた私は、自分をはるかにしのぐデザインリーダーたちのもとへ旅行や出張の折に訪ね、日常的に助言を求めることにした。

　さらに、疑問を抱いているのは私だけではないことに気づいた。会議、業界の会合、何げない会話の最中にしばしばこういった話題が出るのだ。私はこれらの会話を記録し、すべての見解と解答を書物としてまとめる価値があると思うようになった。自分にとって有益なら、他のデザインリーダーの役に立つかもしれないと考えたのだ。というわけで、その目的のために本書が誕生したのである。

　本書は、既存のデザインリーダーと、リーダーへの道を歩んでいる人に向けた本だ。デザインリーダーへの理解を深めたいと願う部下にとっても有益だろう。つまりこの本は、デザインチームを率いる人、新興デザイン会社の経営者、あるいはデザインリーダーと緊密に協力して仕事をする人のための書籍である。あなたが駆け出しであろうと何十年も冒険的事業に打ち込んでいる人物であろうと、本書はあなたを導き、最高の人材の雇用、強い文化の創造、個人としてバランスの取れた生活、リーダーシップスキルの向上、最適なワークスペースのデザイン、健全なセールスパイプライ

8

ンの構築といったテーマについて、知識を伝授する。

　私たちは、新興企業や既存企業のリーダーたちにインタビューを行った。デザインリーダーがオーナーを務める独立系デザイン会社の場合は、従業員数5〜100人の会社に焦点を合わせた。若干の例外はあったが、私たちの目標は、典型的な産みの苦しみに対処しているリーダーと話すことだった。ESPNやFidelity Investmentsなどの大企業のリーダーとも話したが、たいていは小規模および中規模のデザインチームに注目した。インタビューした会社の約60％は5〜15人の従業員、約40％は20人以上の従業員を抱え、数社は75人以上のチームメンバーを有していた。これらの会社間の文化的な違いはきわめて大きく、その相違を定量化するのは難しい。その代わりに私たちは、個別の物語、共通の洞察、そしてデザイングループをより生産的かつ創造的でフォーカスの定まった集団にするための戦略的アプローチを記録してきた。

　本書は、教科書でもなく簡単なワークブックでもない。この本は、会話なのだ。私は、同僚で友人のダン・アラードの協力を得て何百回もインタビューを行ったが、そのなかから選び抜いた会話を集めた本である。ダンはFresh Tilled Soil創業時からの社員で、私と同様にデザインリーダーシップに関心を持っている。私がインタビューを行っているあいだ、ダン

は重いビデオやオーディオ機器を引きずり回し、北米全域の何十もの都市まで同行してくれた。コロラド州ボールダーのHaught Codeworksのような小企業からコネティカット州ブリストルに120エーカー（約48万5000平方メートル）の敷地を持つESPNなどの巨大企業まで、デザインリーダーへの100回近いインタビューを録画してくれた。2013年後半から2015年半ばまで、私たちは北米のデジタルデザインリーダーたちの視点、洞察、逸話、個人的な話を記録した。こうしたインタビューの多くは、未編集版がYouTubeで公開されている。「digital design leader」で検索すれば、何十もの示唆に富むインタビューを視聴できる。この2年のあいだに、こうしたビデオのいくつかはポッドキャストや記事になったが、すべてのインタビューが一度に公開されるのは本書が初めてである。

　私がこの本を書くのを楽しんだように、本書を楽しんで読んでいただきたい。私はリーダーたちとの交流から大いに学んだが、みなさんもそうなってほしい。彼らと親しくなったことですばらしい友情を得たうえに、いくつかのパートナーシップまで生まれたのだ。本書の記述に際しては、編集者、校閲者、出版社の助けを借りて、明確で魅力的なものになるよう努めた。本書をデザイン組織経営の規範的マニュアルにすることは意図的に避けている。むしろ、「最善の」アプローチを収集・整理し、読者が自分のチーム

にとっていちばん効果的な方法を選択できるようにそれらを提示した。私たちの目標は、テーマを包括的に取り上げることだったが、詳細に立ち入りすぎてあなたが居眠りすることにならないよう心がけた。あなたのデザインリーダーシップの地位や野心がどんなものであれ、本書を読めば、価値ある何かを見つけられることを確信している。

　また私たちは、ソーシャルメディアで、あるいは直接会って、読者や投稿者とこうした会話を続けたいと考えている。先に述べたように、デザインリーダーはすべての答えを持っているわけではなく、さらに探求し学ぶべきことがたっぷりある。より賢明になるよう互いに協力し合い、その知識を広めて役立たせよう。上げ潮はすべての船を持ち上げる。デザインリーダーとして情報に通じているほど、自らの組織に効果が現れるのは早い。分かち合う情報が多いほど、献身的なチーム、幸せなクライアント、金銭的リターンを得られるのである。

　この本を購入して読んでいただき、ありがとう。本書を執筆し、他の多くのデザインリーダーに伝えることができて本当にうれしく思う。

リチャード・ベンフィールド

本書の構成

第1章　企業文化

投資家のジョナサン・ビアレがかつて私に言ったように、「すべての会社には独自の文化と政治がある。あなたはどの文化と政治が最も興味深いか見極めなければならない」。この章では、デザインリーダーが組織を成功に導くために文化を創造し育む方法を探る。デザインスタジオのオーナーや経営幹部から、文化、人材の誘致、生産性、目的の関連性について聞く。

第2章　人材

あらゆる組織の礎は人である。優れた人が優れた組織を作るのだ。このような人材を見いだし、彼らが仕事に専念して幸せを感じられるようにするのが、デザインリーダーにとって最重要の責任である。私たちは、これらのリーダーが組織に人材を惹きつけて育てる画期的な方法を探る。

第3章　オフィススペースとリモートワーク

今日のワークスペースは、あなたの父親の20年前のオフィスとはまったく違う。壁は取り払われ、クリエイティブワーカーはこれまで以上にリモートワークで働くようになっている。この章では、チームメンバーとクライアントに生産的なスペースを保証するためのオフィス環境の在り方を、トップデザインリーダーに尋ねる。さらに彼らに、チームメンバー間の強い文化的絆を維持しながら、増加するリモートワーカーをどう管理しているかを聞く。

第4章　個人的成長とバランスの取れた生活

デザインリーダーたちは常に学び、成長し、バランスの取れた生活を送ろうと奮闘している。私たちは、こうしたトップパフォーマーが本当に重要なこと —— 家族、友人、個人的成長 —— を見失わずに、どのように日々の要求をうまくさばいているのかを学んだ。だが、ここにも万能のアプローチは存在しない。さまざまな個性の人物が自身の直感と創造性によって、この普遍的問題をいかに解決しているかを探る。

第5章　将来計画

デザインスタジオやチームの運営には不透明さがつきまとい、ますます困難な状況となりつつある。急速に変化する技術トレンドは、リーダーにすばやくフレキシブルな対応を要求する。刻々と変化する未来に向けて計画を立てるには、戦略的かつ戦術的なリーダーシップスキルが必要である。この章では、デザインリーダーたちが現在の要請に対応しつつ、どのように将来計画を立てているかを説明する。

第6章　リーダーシップスタイル

私たちがインタビューした人々は、それぞれが独自の持ち味とスタイルのあるリーダーシップ術を持っている。2つとして同じスタイルはないのだが、成功しているリーダーには共通したパターンがある。本章では、リーダーたちがこうしたリーダーシップスタイルによってどのように自らのビジネスビジョンや企業文化と結びついているのかを論じる。デザインリーダーは、時とともに変化する環境や新しい課題に自らのスタイルを合わせていくのだ。

第7章　セールスとマーケティング

すべてのデザインビジネスには仕事のパイプラインが必要である。リーダーは、新たな顧客を取り込み、既存のクライアントを保持する課題に取り組むとき、真っ先にそのことを考える。私たちはインタビューによって、大小さまざまな企業に関する洞察を得て、多種多様なテクニックやアプローチの仕方を学んだ。

第8章　最大の失敗から学ぶ

間違いを犯すことは避けられない。しかし残念ながら、必ずしも失敗から学べるとは限らない。ここでは、優れたデザインリーダーたちの失敗と、彼らが失敗から立ち直るために行ったことを掘り下げる。これらの話からわかるように、失敗は避けるべきものではなく、むしろ失敗によって成長し改善するメカニズムを持つことがリーダーの強みとなる。

13

本書のためにインタビューを行った企業

- Teehan+Lax
- Happy Cog
- Virgin Pulse
- LogMeIn
- Fidelity Investments
- The Program
- Make
- XPLANE
- America's Test Kitchen
- eHouse Studio
- Envy
- ESPN
- SuperFriendly
- The Working Group
- Uncorked Studios
- Forrester Research
- Kore Design
- Yellow Pencil
- Plank
- Velir

- Plucky
- Fastspot
- Demac Media
- BancVue
- BigCommerce
- Funsize
- Zurb
- Viget
- The Grommet
- Barrel
- Fresh Tilled Soil
- Haught Codeworks
- Crowd Favorite
- Grey Interactive
- Think Brownstone
- nGen Works
- Digital of Bureau
- Mechanica
- Planantir

謝辞

　本書はダン・アラードのたゆまぬ努力なしには誕生しなかっただろう。デザインリーダーへのインタビューで北米を駆けめぐりながら、ダンはカメラマン、音響効果係、そしてすべての機器の総合シェルパとして活躍してくれた。また、私が調査を行い本書を執筆しているあいだ、留守を守ってくれたFresh Tilled Soilのチームのみんな、ありがとう。そしてBureau of Digitalの創設者であるグレッグ・ホイとカール・スミスにも感謝したい。彼らはすばらしい研修旅行「Owner Camp」を主催しているが、彼らと他の参加者に会えたことがきっかけとなり、本書でインタビューを行ったデザインリーダー数名と親しくなれた。最後に、細部への気配りと献身によってこの本を一段と楽しいものにしてくれた、O'Reillyのニック・ロンバルディ、アンジェラ・ルフィーノをはじめとするすばらしいチームにお礼を申し上げたい。

1 企業文化

はじめに

　企業文化は捉えどころがないために、魅力的でもあり苛立たしくもある。文化がデザインチームの成功に果たす役割は、定量化することができないものの非常に重要であるため、私たちが話を聞いたリーダーは誰もがそれを第一に挙げた。文化をデザインし、育み、管理する方法、さらには文化を変える方法まで心得ていることは、成長する企業の大きな課題のように思える。この章では、リーダーが組織においてポジティブな文化をどのように創り、育んでいくかを学ぶ。

　リーダーたちと話しながら興味をひかれたのは、多くのリーダーが意識的に特定の文化を創り出そうとするわけではないことだった。そうではなく、彼らは文化が独自に発展するスペースを提供する。いわば良き両親のように行動しているのだ。指針を示して境界線を定めながら、文化が独立性を維持し、個性を発展させることを認める。私たちが訪れた大規模な組織やスタジオでも、文化が独自の生命を持ち、リーダーシッ

プによってそれを優しく導いている雰囲気が感じられた。

　文化はこのように、普遍的なリーダーシップのテーマなので、まずは文化について述べることから始めるのが妥当だろう。本書は、どんなタイプの文化が最高だとか最悪だとか説いているのではない。さまざまな文化は、その各々がそれを生み出す人々と瓜二つであり、文化の多様性が世界を動かす。すべてのデザイン組織に合う唯一の一般的文化スタイルを定める必要はないし、そんなことをしても何の役にも立たない。

　私たちが最も関心を抱いたのは、デザインリーダーにとって戦略的強みとなる、文化の背後にある「理由」である。彼らが文化を大切にする理由を知りたかった。そこで、リーダーたちがそれぞれの組織にとって最高の文化を生み出すために、その課題にどうアプローチしたのかを調査した。これらの観察から、透明性、多様性、開かれたコミュニケーション、協力的なチーム構造といった一般論が引き出されるのは明らかだが、こうしたパターン自体より、パターンの理由のほうが重要なのだ。本章では、文化に注目する理由と、こうした意図的な努力がいかにして前向きな結果をもたらすかに焦点を当てる。

「人」が原点

　成功する文化には多くのメリットがある。デザインリーダーたちが最もよく口にしたのは、ポジティブな文化と、優秀な人材の獲得およびその維持との関連性だ。満足感が得られる協力的な文化を持続できれば、文化はまたチームメンバー間の親密な関係の発展に強い影響を与えることができる。ポジティブな文化は、チームが組織固有の価値や指針となるビジョンと連携しているところから生まれる。この、従業員と企業ビジョンの結合によって、文化的に健全な企業はいくつかの領域で優位に立つことになるが、なかでも無視できないのは、人とビジョンとの連携性の高い企業が、人材のみならずクライアントや見込み客にとっても魅力的なことだ。デザインリーダーたちは口を揃えて、力強い文化が雇用

の促進、生産性の向上、仕事に対する全般的満足感に直接関与していると言う。ある調査では、リーダーの70％が自社の成功にとって文化が「非常に重要である」と述べている。

その対極にあるのが、強い文化のない企業である。そのような企業には、忠誠心の欠如、信用問題、多様性の不足や欠如、目標のずれ、コミュニケーション不足といった特徴が見られるようだ。オースティンでFunsizeを経営するアンソニー＆ナタリー・アルメンダリスも同じ意見である。「辞めたくなって離職する人がまったくいないのが幸いです。スタッフの離職は最大の恐怖と言えるでしょう。だから、そうならないように最大限の努力をしています。わが社では、文化が最も重要なのです。文化がナンバーワンです」。Funsizeは創業してまだ数年だが、当初から文化を優先してきた。Funsizeでは文化が最優先であり、同社のオフィスを訪ねると、この文化への関心の高さが目に見えてわかる。アルメンダリスは誇らしげにオフィスを歩き回り、全員に私たちを紹介し、スペースの細部をひとつひとつ説明してくれた。彼からのチームの幸福へのコミットメントは、他のメンバーにも影響を与えている。

契約金と手厚いベネフィットを特色とする人材市場では、Funsizeのように小規模なエージェンシーは、人材争奪戦でオファーするリソースが少ない。彼らはそれを埋め合わせるために、フレックスタイムや経営判断へのより深い関与を提供するのだ。「わが社は給料の点では他の何社かのエージェンシーに勝てないのですが、私たちにできるのは、社員が誇らしく思うすばらしいプロダクト、ワクワクするプロジェクトに取り組みながら、同業デザイナーに比べて優れたポートフォリオを持てるようにすることです」とアルメンダリスは説明する。「わが社は、仕事をリードし、経営判断に関与し、労働時間を自分で管理する機会を提供します。私たちの勤務は月曜日から木曜日までで、要するにわが社のデザイナー全員が週32時間以上働く必要はないのです。最近結成したチームについて言えば、おそらく平均的な人は週24～32時間働いているだけでしょうね」。

私たちのインタビューで、これほど勤務時間が短くて済む話はめった

に聞かなかったが、他の章で示すように、仕事に費やす時間は生産性と相関しないのだ。協力して仕事をする時間は、タイムトラッキングツールで把握される時間よりはるかに重要だと思える。大規模なエージェンシーでさえ、時間を決めて行う活動や時間に関連した活動を文化的な触れ合いの機会として利用している。バンクーバーにあるGrayのゼネラルマネージャー、ニール・マクフェドランは、時間をかけることで社員の絆が強まると指摘する。「以前は週次の進捗会議をたっぷり1時間半かけてやっていました。私はより迅速なプロジェクトマネジメントを進めていますので、私たちは毎朝9時17分の打ち合わせのときに、立ったままラウンドテーブルディスカッションを行い、各々がやっていることについて簡単に話し合います。これは、全員が自分のすることに責任を持ち、それぞれが責任を自覚していることをお互いに確認し合う場なのです」。デザイン会社を訪問したとき、こうしたすばやくスマートなミーティングの話をよく耳にしたが、それは企業文化をボトムアップする影響を及ぼしていた。

　これらのミーティングの主目的は、チームが一日を最大限に活用する手助けをすることだ、とマクフェドランは確信していた。目標を持って一日を始めれば、チームのメンバーはもっと生産的で楽しい日々を送ることができる。これが組織全体に波及し、チームの文化のトーンを築き上げる。「私は社員の時間管理を手助けできます。クリエイティブ職の社員が、これ、これ、そしてこれをやっていますと話しているのを聞くと、いや、君はそれを全部やるんじゃない、そんなことをすべてやるのは不可能だよ、これをやればいい、と言えるんです。みんなで助け合いましょう。優先順位をつけましょう。そうすれば、一日を自分のものにできますが、それはまた、お互いに責任を持てる方法でもあるのです。すごいことだと思います。私たちにとって実にすばらしいことです」。毎日、あるいは毎週行われる活動によって、リーダーはチームが時間を最大限に活用するのを積極的にサポートできる。チームの一日の時間管理を指導するのは些細なことに思えるかもしれないが、それは文化に欠かせない要素なのだ。

文化は創業者から伝わる

　人があらゆるデザイン文化の要であることは間違いない。したがって、良くも悪くも創業者がその文化に最大の影響を与えることになる。創業者やリーダーの個人的特徴は、明らかにビジネス文化に入り込むのだ。「これが一般的な考えになるかどうかわかりませんが、あなたが組織の創業者であるか、何人かの創業者がいる場合、あなたはその組織にかなり強い痕跡を残すでしょう」とXPLANEのデイヴ・グレイは語る。「自覚があるかどうかはわかりませんが、あなたは強みも弱みも、そしてあらゆる欠点もその組織に入れ込んでしまうのです」。

　「確かに私の影響も少しありますね」とバンクーバーにあるMakeのサラ・テスラは言う。「私は冒険旅行に夢中になっていますし、食べることが大好きですし、芸術を愛しています」。Makeのデザインスタジオ全体の約4分の1を占めるアートギャラリーを指さしながら、テスラは話す。「わが社の社員の多くが、共通の興味関心を持っていると感じます。犬好きが多いのも嬉しいことです。ここで子犬を飼っていた時期には、トレーナーを呼んで、3、4匹の訓練をしてもらいました。そして数人のチームメンバーは仕事が終わってから、そのスペースでエアロビクスをやっています。だから、ほんの少ししか物を置いていないんです」。すべての会社にスタジオ内のギャラリーや犬に優しいオフィスが必要なわけではないだろうが、意図的かどうかにかかわらず、会社はリーダーの個性や好みを取り入れるものである。

　「わが社には、ギークカルチャーとオープンソースが深く根づいています。だから、簡略型文化になる傾向があるんです」。そう述べるのは、Plantirの副CEO、ティファニー・ファリスだ。「でも、包括性と多様性はとても大事なものですから、一生懸命努力しています」。インクルーシブな文化の構築には、誰もが昇進の機会を持てる公平な場を提供するというメリットがある。「そんな文化を確実に築くには、継続的な努力が必要です。そのために私たちが今注力している構想は、フィードバックの文化を創ることです。プロジェクトに携わる全員に対して、タイム

1　企業文化　　21

リーで実行可能なフィードバックを提供するのです」。

　こうした会話で確信したのは、成功したリーダーは常に文化のキュレーションと伝達に積極的に関与しているということである。成り行き任せではないのだ。かしこまって伝えることもあるが、たいていはさりげなく伝える。肝心なのは、定期的に文化が伝達されるということである。成功を収めるリーダーは、文化が自然発生するのをただ待つことをよしとしないようだ。企業は、そのビジョン、価値観、文化的方針をチームに頻繁に伝達するほど、共通の目標を持ちやすくなる。これは共通の成果とチームの幸福感アップにつながり、チームの幸福はポジティブな文化をもたらす。

安心できる楽しいスペース

　Fastspotの社長兼チーフビジョナリーオフィサーであるトレーシー・ハルヴォルセンへの質問は、ポジティブな文化の創造をどう進めているのか、具体的には、そうした文化は自然に発展すると考えているのか、またどのような文化であってほしいか、というものだった。「時間が経過し、人が変化するにつれて、文化も発展すべきです。そのダイナミクスに新しい人材を加え、リーダーも変わるのです。私はいつも、自分が敬意に満ちた文化、誰もが最高の仕事をできると感じられる文化を望んでいるのだとわかっていました。また、みなが仲良くして大いに楽しむこともできればもうけものです。そうでなければ、"仕事"ではなくただの"作業"です。でも、あなたは部下に辞めてほしくないので、ただの作業ではないすばらしい仕事を部下にさせたいですよね」。

　トレーシーの見識は、ポジティブな文化を持つ企業が収めた成功に欠かせないものだ。やりがいのある仕事と幸福なチームは好循環を生む。仕事が必ずしも楽しいものである必要はないが、チームのメンバーは常に尊敬され認められていると感じられるべきだ。チームが安心して創造力を発揮し、最善を尽くせる場を作ること。それが、デザインに特化した組織のリーダーが文化を育むために最も有益なことだろう。

　だが、ここには微妙なところがあり、文化は必ずしも楽しい職場と

関連しているわけではない。豪華なオフィススペースと無料のランチで文化を買えると思うのは間違いだ。「何かを実行して文化を推し進めることはできるでしょうが、室内にテーブルサッカーゲームを置いても文化を創ることはできません」とモントリオールにあるPlankのウォーレン・ウィランスキーは言う。「社員をレストランに連れて行っても文化は創れないのです。文化は、そのとき部屋のなかにいる人々によって創り出されます。室内に非政治的でお互いに助け合う人たちがいれば、それが会社の文化になる。そういうものです」。ウィランスキーは文化についてきわめて重要なポイント——すべては組織の「人」にかかっていること——を強調している。あらゆるビジネスは、その創業者の人格と、彼らが最初に雇ったメンバーによって生み出されたものである。その影響はプラスにもマイナスにもなり得る。

「あなたが集団で何かを行うとき、いつもあなたが文化を創造しているのです。良い文化も悪い文化も」とXPLANEの社長デイヴ・グレイは指摘する。「他の人と一緒に何かをすれば、必ずあなたは文化を創り出しています。そして、お互いが長時間一緒に過ごす組織、特にデザイン会社のような小規模の企業では、組織の従業員はあなたの家族のようなものです。みながあなたのプラス面もマイナス面も知っているのです。たとえば、私が創業間もない時期に自分の組織に徹底させたのは、プロセスを大事にすること、プロセスに対する厳密さでした。現在は日常業務にあまり口出しせず、関わってもいないのですが、今でもそのプロセス志向の成果を目にすることができます」。

文化としての個性

あるタイプの人を雇うと、そのタイプの文化が生まれることは明らかだ。Plankのウォーレン・ウィランスキーはこう述べる。「私たちはおおむね、少し内向的な人を雇用しています。それは多少、私の個性でもあるんです」。私たちが気づいたのは、すべてのデザイン会社のリーダーたちが自分と同じ価値観と働く姿勢を持つ人をよく雇うという事実だ。これによって、何らかの点で創業者の個性を反映する企業文化が創ら

1 企業文化　23

る。私たちのインタビューで、失敗した文化の話が出ることはなかったが、有害な価値観が有害な文化をもたらすことは間違いないだろう。もちろん、会社が成長して新しい人材が入社すると、文化は進化する。それは、こうした新たな個性がさまざまなアイデアと影響を文化にもたらすからである（文化を誘導する意図的な試みが進行中でなければの話だが）。

　私たちが会ったデザインリーダーの多くは、自らの企業文化に関する見識をブログなどで紹介していた。こうした業績好調なスタジオやチームが文化的試みを大衆と共有するやり方自体が、文化の一部なのだ。「私たちは自分たちのやっていること、その理由について、非常に率直でオープンです」と話すのは、オレゴン州ポートランドにあるCloudFourのジェイソン・グリグスビーだ。「われわれの社会、いや、われわれの業界では、"文化"は明らかに含みのある言葉になりつつあります。でも私は、それがどれほど含みのある言葉であるのかさえ気づかなかったのです。私たちは文化について語り、文化的調和を目指していました。でも今は、文化については口が重くなっています。文化の説明が、実際には同類を見つけて長時間働かせたりする口実になっている会社が非常に多いからです。私たちは絶対にそうじゃないですがね」。

　グリグスビーは文化の悪霊を追い払うかのようにCloudFourの文化について説明する。「社員は妥当な時間に出社しますが、各自の状況によって何が妥当かということも違うのです。水曜日は全員が在宅勤務で、社員は本当に協力し合って仕事を進めています。私たちは、社員が協力しやすくなる方法、社員に仲良く一緒に働いてもらう方法に焦点を合わせています」。安心できて楽しいスペースを構築し、クリエイティブな仕事をしやすくすることは、デザインリーダーの課題に必須の要素だが、「安心できて楽しい（safe and happy）」という表現の内容は、企業によって違うようだ。グリグスビーはさらに述べる。「私たちが最近出した求人広告は傑作でした。そのなかに書いた〈私たちはスタートアップの狂気には興味がありません〉というひとことは、職を探している多くの人の心に深く響いたのです。私たちは、誰でも受け入れて多様な候補者を確保しようと、長時間かけて言葉を工夫しました。こうして細かい

ところにまで気を配ったので、実際に入社志望者に変化が生じました」。

　企業によっては、安心できる場所とはオフィスを越えて広がる文化を持っていることを意味する。これは、リーダーが仕事の時間と遊ぶ時間を区別しないテック系スタートアップ企業の世界に少しばかり似ているように感じるだろう。私たちは、CEOが週末に社員をリゾート地にある自宅に招き、お酒を飲みながら親睦を深める話を何度か聞いた。子どものいる社員の多くにとっては、こんな遠出は無理な話だ。こうした文化の広がりが良いことなのか悪いことなのかよくわからないが、会社全体を含まない一斉活動はすべて誤ったメッセージを伝える可能性はある。ともあれ、文化が発展できる安定した基盤があることは、自社のビジネスの支えになる価値観を持っているようなものである。

文化の基盤を築く

　Teehan+Laxでは、会社設立の基盤としたい想いがきわめて明確だった[1]。ジョン・ラックスはこう言う。「ジェフ（共同設立者）と私は、自分たちが働きたくなるような会社を始めたかったのです。どんな仕事が好きかと自問して、最初にひらめいたのは、自分たちが中核機能を担える仕事をしたいということでした。何よりも大切にしているのは、私たちが行う仕事自体です。面白い仕事をしたい。人に役立つと思う仕事をしたいのです」。

　ラックスはさらに続けて、仕事を企業文化の中心に据える動機を述べる。「自分でよくわかっています。ジェフも同じようなことを言うに違いないし、わが社の主任全員が同じような話をすると思いますが、1994年に初めてウェブページを開設し、ログファイルをチェックし、100人ほどの人が閲覧していて、利用され、アクセスしてきたことに気

---

[1]　このインタビューの後、Teehan+Laxは会社を解散し、ラックスとパートナーのジェフ・ティーハンはFacebookのフルタイムデザインリーダーの地位に就いた〔2015年2月〕。最盛期にスタジオを閉鎖した彼らの決定は、デザイン業界で驚きをもって受け止められた。

1　企業文化　　25

づいたときの興奮です。それからずっと、その高揚感を追いかけているんだと思います」。

こうした会社設立の確固たる基盤があると、新たな文化に継続的な影響を与えることになり、その文化は、ビジネスに対するリーダーの明確なビジョンを中心に発展する。ラックスは語る。「この会社の価値観が利益最大化であってはならないと心に決めました。グローバル展開を目指すことではないのです。そうしたことが悪いと言っているのではありません。さまざまなアントレプレナーやリーダーのなかには世界制覇を目指す人たちもいて、それはすばらしいことです。私たちはそうする気にならなかっただけです。良い仕事だと思う仕事をするのがいちばん楽しかったのです」。

これらのリーダーたちは、特定の行動を取ることで、自分でも気づかないうちに文化に影響を与え続ける。ラックスと主任たちは次のように自問することによって、チームを仕事に集中させておくことができた。「仲間のいる部屋で立ち上がって、この仕事は自分たちがやった仕事だと言えるだろうか？　誇りを持って、これをやったと言えるだろうか？　答えがノーなら後戻りして、できない理由を見つけるのだ」。

ちゃんと機能する誇らしい仕事を生み出す動機にフォーカスし続けることで、Teehan+Laxのリーダーたちは組織に強い価値観を植えつけた。とはいうものの、最初からこうした明確なビジョンを持ちながら、これを完全に実現するのに数年かかったのである。「この組織に植えつけ始めた価値観は、ジェフと私は創業時からこうしたことを話し合っていたにもかかわらず、実現に数年かかりました。だから、仕事が第一という文化を創造できたことを見極めるのに、過去を振り返る必要があったのです」。

私たちの観察によると、デザインリーダーは、自分の好みと行動が会社全体に何を伝えるのかを意識しなければならない。リーダーが時間をどのように使っているかで、他のチームメンバーは何が重要で何の優先度が低いかがわかる。これが文化を伝えるのだ。「普段の日はいつも、本物のデザインに集中して取り組めるようにチームを作っています。刺

激を与えてリードすることに時間を使うのです」。

意図的な文化デザイン

　成功を収めたデザイン組織で文化は自然に発生するのか、あるいは意図的に創られるのかは、私たちの会話とインタビューでは必ずしも明確にならなかった。しかし、文化が無視されていないことは明らかだった。それは日々の意思決定において、よく理解して慎重に考えるべき要素になっていた。「文化を創造し、一連の価値観を持っていることは、つまり意思決定が必要なときにはこの価値観を最優先するということです」。そう説明するのはTeehan+Laxのジョン・ラックスだ。意図的なデザイン文化は良い戦略に似ている。それは一貫した指針や行動によって方向づけられているビジョンなのだ。

　「大半のリーダーは後でそのことに気づくのですが、大切なのは従業員について来させることではなく、自らの行動に満足を感じさせることなのです」とClockworkの社長、ナンシー・ライアンズは言う。「これは、自己啓発的な企業マーケティングスピーチとして言っていることではありません。リーダーは、自身が内面的にどんな人になりたいかを決める必要があり、そうすれば従業員は自然に従うのです。私たちが尊重していることは何でしょう？　何を手放したくないのでしょうか？　私たちは、馴れ合いではないきわめて重要な企業ボキャブラリーを持っています」。成功したデザイン会社では、こうした意図的な方向性は一貫している。彼らは自社文化のあらゆる面に指図したりしないだろうが、運任せにはしない。ひとたびビジョンと指針を表明すれば、リーダーたちは文化に注意を払い、ビジョンから離れると、そっと本来の方向に引き戻すのだ。

　ポートランドを拠点とするInstrumentの共同創業者、ヴィンス・ラヴェッキアは、文化がどのようにデザインされるかを大いに強調する。「あなたが文化を創造するのではありません。あなたが容器を作って、そのなかにすばらしい人材を入れ、ビジネスを営むための価値観と哲学──ワークライフバランス、つまり"要領良く働き、よく遊べ（work

1　企業文化　　27

smart, play hard)"といったこと —— を持てば、そこから文化が生まれるのです。わが社の社員は文化を創造し、それも有機的に作り上げます。卓球の試合をするとか、ボーリングのチームを作るとか、そんなことを私が社員に強制できません。わざとらしくなるだけですから。私たちはただ、すばらしい人材を部屋に入れて、彼らが友人になり、パートナーになり、結婚するのを見ているだけです。誰もが付き合うわけではありませんが、お互いに好きになる人が多いのです。入社志望者の顔をじっと見て、Instrumentのすばらしいコミュニティメンバーになるなと思い、本当にそうなれば、こうした社員によって文化が創られるわけです」。

デザインリーダーはまた、文化の成功を会社の成功につなげる。ナンシー・ライアンズは何度もこのアイデアをわかりやすく説明している。「文化を創造するには数字で証明するのがいちばんです」。リーダーは文化を説明可能なものにし、それが雲をつかむような存在にならないようにするのだ。

リーダーが組織を構築する方法はまた、彼らの意図的な文化ビジョンの一部になることがある。あなたが創り出す文化のタイプは、あなたが築きたい組織の産物であることが多い。「あなたは自分がどんなタイプの組織を作っているのか考えるべきだ、とメンターに言われました」とXPLANEのデイヴ・グレイは言う。「彼曰く、"メンバーシップ組織"なるものと"育成組織"なるものがあり、それらは同じではないというのです。両者の経営も運営も異なっている、と」。この逸話は私たちが耳にしたなかで最も洞察に満ちた話で、組織構造と文化のいくつかの相違点—— あまりにも見落とされることの多いギャップ—— を結びつけて全容を理解する助けになる。「たとえば、あなたがメンバーシップ組織を運営しているとしましょう。そんな組織では、非常に仕事ができて有能でなければなりません。最優秀の人材だけを雇い、雇われても最高の仕事をしていなければ失格です。そうしたタイプの組織では能力主義が強くなります。一方、育成組織では、適切な人材を雇い、彼らを養成して成長させることに力を入れます。最初はスキルや能力が明らか

ではないでしょうが、支援によってそれらを獲得するのです」。

Fresh Tilled Soilでは後者の方針を採っている。両方のタイプの人材を雇ってみたが、業界のエキスパートを雇うより人材を育成するほうがうまくいくことにいち早く気づいた。わが社の社名が表すように、人が育つのを手助けするという考え方が根付いていたのだ。文化は生きているのだから、栄養を与えて育てる必要がある。文化を育てる最善の方法は、チームのメンバーが互いに仲良くなるやり方を作り出すことだ。絆を作る機会は、わざとらしいものや手の込んだものである必要はない。シンプルなほうがいい。私たちはBankVueのスコッティ・オマホニーのこんな提案が特に気に入っている。「私は自分についてプレゼンテーションを行い、経歴を説明し、どうやってここにたどり着いたのか、どこからインスピレーションを得ているのかといったことを話しました」。このプレゼンテーションのおかげで、チームのみなはスコッティと親しくなり、彼の考え方をよく理解できるようになった。「今、各チームメンバーに同じことをするように頼んでいます。経歴とか、どうしてこんな風に振る舞うのかとか、チームのみんなに話してほしいとね。なぜなら、それがチームの他のメンバーにとって非常に大切で、チームのためになると思うからです」。

もちろん、人はその履歴書よりはるかに複雑である。経歴やスキルは成果を保証しない。これらのリーダーたちは自らのビジネスを計画するとき、成果を念頭に置いている。「私たちは最近、会社を再編成しました。以前は部門単位で組織されていたのです」と、ティファニー・ファリスはシカゴを拠点とする彼女のデザイン・開発会社について説明する。「部門は基本的に専門分野に従っていたので、フロントエンドデベロッパーがいて、エンジニアがいて、デザイナーがいました。プロジェクトマネージャーもいました。そして、部門の壁がありました。プロジェクトチームはそれらまたいで編成されていたのです」。デザインプロジェクトで成果を生み出すには、チームをスキルによって編成するのをやめるべきだ。「プロジェクトチームは、プロジェクトの必要性に応じて変わり得るものでした。いつでも、一緒に働く仲間が変わる可能性があり、その

1 ｜ 企業文化

プロジェクトの期間だけ彼らと働くのです。次のプロジェクトに移って、まったく別の人たちと仕事をするかもしれませんでした。私たちが最近再編成を行ったのは、こうしたチームのメンバー同士が本当に仲良くなり、優秀なチームであることのメリットに気づくようにしたいと自覚したからです。そうするために、すべての要素を備えた生産ユニットを構築しました。いつも協力し合うプロジェクトマネージャー、デザイナー、デベロッパー、エンジニアがいて、プロジェクトは1つのユニット内にとどまる（複数の組織にまたがることがない）ので、クライアントにより良い結果をもたらし、さらにチームメンバーがもっと打ち解けて、連係プレイのうまいチームによる仕事のスピードアップを実現できるのです」。

人と文化を調和させる

これまで、文化への意図的なアプローチによって、仕事にベストを尽くせる安心で創造的な場が生まれることを見てきた。それでも若いリーダーたちはこう問いかける。「こうした多種多様な人々を1つの文化の下で協働させるには、どうすればいいのだろうか？」。この質問への答えは回答者によって微妙に異なる。この方法について、本書のリーダーたちは驚くほど相反する見解を持つことが多く、私たちのインタビューと調査結果では、回答者の大多数は文化が重要だと認めたが、文化を管理できるかという点ではみなの意見が一致したわけではない。

私たちはデザインリーダーへのこうした質問を掘り下げ、自社の文化にふさわしい人材をいかにして発掘しているのかと尋ねた。「私は同じような資質の人材を探しているのか？　そうですね、誰もが違う役割を果たすのですから、私のジョークで笑わなければ追い出すなんて言いませんよ」と笑うのは、FlashNotesの元チーフプロダクトオフィサーで、現在はVirgin Pulseのプロフェッショナルサービス担当バイスプレジデントを務めるジェフ・クシュメレクだ。彼は、新入社員に求めているのはひねりの利いたユーモアだと言う。「あいにく、私たちが互いに一緒にいる時間のほうが家族と過ごす時間より長いのです。だから、一緒に楽しく働ける人と共に働くべきです。誰もがとびきり愉快な人でな

くてもいいのですが、その真逆はあり得ません。"あいつは嫌なやつだけど、いやはや、実に有能だな"というわけにはいかないでしょう？」。

　成功するためには人格やスキルの多様性が必要かもしれないが、学び続けたいという意欲も大切にしなければならない。学習する文化は成熟を意味し、それは問題解決と成長をもたらす。「どんな人でも、仕事をもっと上手にこなせるようになります。もっとうまくなりたいと思う人は一緒に働きやすい人なんです」と、料理雑誌『Cook's Illustrated』のクリエイターであるAmerica's Test Kitchenのジョン・トレスは言う。彼はこうした交流が人格的成熟をもたらす面を強調している。「人格がうまくかみ合う大人と一緒に働きたいのです。成果を大切にする人たちとその仲間と一緒に、問題を解決していたいと思います」。

　ティファニー・ファリスは、文化には大変な労力とたくさんのコミュニケーションが必要だと強く述べている。「信頼の文化は、コミュニケーション能力にかかっています。そのコミュニケーションの多くがフィードバックに関するものです。話す必要のあることはすべて話せるようにすることです。各自が必要なことを適切に話せるコミュニケーションの手段を持ち、生産的な決定につながるやり方で話せるようにするのです」。こうしたコミュニケーションの輪は、個人や直接的な関係に影響を与えるだけではない。「良好なコミュニケーションの文化は、あなたのプロジェクトに役立ちます。チーム力学の役に立ち、必ずクライアントの役に立ちます。それはものすごい量の作業でもあり、かなり手間がかかりますけど」。

　文化には相当な配慮と労力が必要であるために、多くの会社がポジティブな文化を獲得するのに失敗するのだろう。私たちが最も感銘を受けたデザインリーダーたちは、文化の理解と自社文化の育成にかなり時間を投資していた。彼らは必ずしも自社の文化が発展してどのようになるかははっきりわかっていなかったが、文化を発展させることに深く注力していた。これらのリーダーは良き親のような人たちで、強迫観念にとらわれた過保護な親のようではなかった。

　リーダーたちが展開した別の戦術は、文化についてコンセンサスを築

くことだった。チームが文化的要素に関して合意すれば、彼らは結果を受け入れることができる。ガイドラインやポリシーにつながる意思決定に関与すれば、チームも結果に関わることになるのだ。これはコミュニケーションの増加を意味する。コミュニケーションの機会を増やすと、理解も深まることになる。「今日の状況で最も大事なのは、全世界のさまざまなチームメンバーがメールやチャットよりビデオ通話を頻繁に行うようにすることだと思います」とCrowd Favoriteのカリム・マルッチは言う。「電子コミュニケーションだけの今日の文化で失われたものは、お互いを理解し合い、お互いにとって大事なことを理解できるようにする人間的側面なのです。ですから、SkypeやGoogle Hangout、あるいは公開予定の新しいツールを使ってお互いを理解しようとするのは、非常に難しいものの、とてもやりがいのあることです。かなり前のことですが、わが社はCisco社のシステムを最初に購入した会社で、そのシステムには10万ドル以上かかったのですが、今は80ドルのウェブカメラでビデオ通話ができます。だから、それをセットアップして、社員が必ずしも同じ部屋にいなくても同じチームの一員だと感じられるようにすることが大切なんです」。

アンソニー・アルメンダリスは自分の会社がもっと大きくなったらどうするかを考え、こう話す。「有能な人材を失わずに維持するという観点から、私たちの長期目標は、水準以上の給与を実現することです。わが社は多くの福利厚生を提供してはいますが、給与と能力のギャップを埋められるようにしたいと思いますし、また、こうした有能な人材をリーダーに育て上げたいと考えています。私はビジネスの経営は確かに好きですが、すべてのミーティングやデザインレビューに関わらなくてもいい日を楽しみにしているんです」。

この最後のポイントは非常に大事なことだ。文化が人材獲得などの活動を支えられるようにするのは、持続的な発展に欠かせないことだが、それはいつもリーダーの責任であるとは限らない。企業の成長に合わせて、文化も自分の足でしっかり立てるように成熟しなければならない。デザインリーダーがすべてのタッチポイントに関わり、文化が行き詰ま

るたびに立て直すことはできない。デザインリーダーの最高の投資は、社員すべてが文化を自分のものとするよう努めることである。

文化の構造

あなたのチームの構造も、組織の文化に影響を与える。文化の構築は、特定の人々や役割を並べて配置する程度の簡単なものであることも多い。チームの構造が配慮の行き届いたものであるほど、その影響は大きくなる。「私たちは完全にチームベースにしています」とジェフ・ウィルソンは語る。「組織全体がチームに分かれていて、各チームを別々に運営しています。典型的なチームには、呼び方はいろいろでしょうが、プロジェクトマネージャー、ビジュアルデザイナー、フロントエンドデベロッパー、2人のソフトウェアデベロッパーかバックエンドデベロッパーがいて、それから品質保証テスターがいます。それ以外に、ユーザーエクスペリエンスプロフェッショナル、ユーザーエクスペリエンスリサーチャー、コピーとマーケティング戦略を作成できるマーケティングストラテジストがいるので、特定のプロジェクトの必要に応じて、彼らもチームに加えます」。

ウィルソンは、チームがどのようにクライアントと協働し、それが会社の文化に最終的にどう影響するかを詳しく説明した。「消費者向けプロジェクトなら、ほぼ確実にユーザーエクスペリエンスとマーケティングの両者がプロジェクトチームに関与し、チームは少し大きくなります」。チームは一連の同心円の中心である。こうしたチームが、会社の評判を生む仕事を創り出すのだ。チームファーストの組織構造は企業文化に影響を及ぼす。「わが社の文化全体が、チームに力を与えることを中心としているのです。チームが自らに名前をつけ、会社の価値観に合わせて自らの価値観を創出することを奨励していますが、さらに各チームが独自の価値観、協力し合う方法、独自の存在基準、チームメンバーの行動規範も持つように奨励しています。私たちは実際に、チームがオーナーとなり、クライアントとの関係を自分のものにし、社内のビジネスユニットとして活動するよう励ましているのです。私たちはそれぞ

1 企業文化 33

れのチームに毎月、通常は１チームにつき月額250ドルの「やる気予算」
を割り当て、各チームはその費用で一緒に夕食を食べに出かけたり、サー
ビスタイムの酒場に行ったり、野球の試合を観戦したり、何であれチー
ムで決めたことをします。こうして私たちは、チームが個人的な人間関
係を育んで成功を祝う機会を持てるように、その予算で毎月何かを行
うことを奨励しているのです。彼らがプロジェクトで画期的なことを達
成したら、外に出かけ、仕事から離れてその喜びを味わってほしいから
です」。

おわりに

　あなたが文化は創造できると信じようが、ただ導かれるだけだと信
じようが、全員一致の意見は、「文化が企業の成功にとって非常に重要
である」ということだ。あなたが雇う人材は自社の文化に大きな影響を
与える。これを心得て、適切な人材の雇用に投資する時間を取れば、ビ
ジネスが好調になる。デザインリーダーがしばしば指摘するのは、彼ら
の職務（job）はデザインとデベロップメントを扱っていても、彼らの仕
事（work）は最高のチームの編成だということである。America's Test
Kitchenのジョン・トレスがそのことを雄弁に語っている。「結局、私た
ちはデザインリーダーとして、チームと会社を作っているのです。製品
やサービスを作っているのではありません」。

この章のポイント

→ 文化は明らかに、デザインビジネスを成功させるために最優先されるべきことだ。

→ 文化を創造するためには、リーダーが容器を作り、そのなかに適切な人材を入れなければならない。その容器は組織のビジョンと価値観でできている。

→ 健全な文化とは、学習する文化とも考えられる。そこには成長思考とチャレンジ精神がある。

→ 卓球台と柔らかなソファで文化を創造することはできない。

→ 組織内の人々が文化に最も大きな影響を与える。

→ 文化のあらゆる面を管理できなくても、文化を無視してはならない。

→ 健全な文化はスタッフの確保を促進し、忠誠心を高めるようだ。

→ チーム構造は企業文化に影響を与える。チームメンバーを注意深く選び、結びつけよう。

→ 個人的な成長に対して成熟した態度を取れるチームは、健全な文化を生み出す可能性が高い。

→ 成功するチームと人々を育成することが、デザインリーダーの最終的な目標である。

2 | 人材

はじめに

　デザイン会社を立ち上げた初期の段階では、チームの成長を促すのに最適な人材を探すことは遠い先の課題のように思えるかもしれない。特に小さなグループで起業する場合は、定期的に人材を探して育成することは最優先事項ではない。しかし、より大きなチームや基礎の固まったデザインスタジオでは、日々対処すべき重要な課題だ。会社が成長するにつれ、最も忠実なチームメンバーでも別会社に移動し、後任が必要となる。したがってデザインリーダーは、いかにして最高の人材を得て引きとめておくかを常に自らに問いかけなければならない。

　人がデザイン会社を去る理由はさまざまだ。結婚や出産、健康問題、あるいは他州や他国への引っ越しなど、個人的環境が変化し退職する人もいるだろう。しかし、退社する職業上の理由は出世願望や転職願望であることが多い。「出世願望」は向上心によるが、「転職願望」はその会社やリーダーシップへの不満によるものだろう。

話を聞いているうちに、メンバーがチームを去る大きな理由は職場での人間関係が悪いことだとわかったが、注目すべきは、この関係悪化がたいてい上司とのあいだに生じることである。つまり、従業員は会社を去るのではなく、上司の元を去るのだ。フラストレーションの原因としてよく引き合いに出されるのは、チームメンバーとリーダーの相性のようだ。こうしたフラストレーションのために従業員が退社するのはかなり先の話かもしれないが、一度その段階に達すると、当人にとどまるよう説得するのは至難の業となる。

　ますます競争が激化する業界において、人材の確保はデザインリーダーたちの最優先事項となっている。そしてデザインリーダーシップをさらに困難にしているのは、リソースの豊富な大企業が自社チームのデザイン系人材の強化に注力していることである。Capital OneやIBM、Accenture、Deloitteといった大企業による企業買収とデザインチーム設立が相次いでおり、こうした大企業にはデザイン産業の一翼を担おうとする意欲がうかがえる。ヘッドハンティングや人材引き抜きの増加がデザイン・テクノロジー業界の悲しい現実であり、需要に応えるのに四苦八苦のデザイン学校やデザイナー養成機関の現状を考え合わせると、デザインリーダーは実に苦しい戦いに直面していることになる。

　幸い、デザインリーダーのなかには、最高の人材を惹きつけ、何よりも彼らをつなぎとめておくことに成功した人もいる。本章では、リーダーたちのベストプラクティスと、その隠された秘密に光を当てたい。

スモールチームと成長

　インタビューによって、規模の小さな企業や創業初期のチームの場合、有機的成長〔組織の内部資源に頼る成長〕へのアプローチは避けがたいことが明らかになった。この立ち上げ段階では、スモールチームは主に仕事をやり遂げることに集中し、公式の人材確保戦略にはあまり関心を示さない。それはほとんどの場合、面識のある人を雇用しているからだ。

友人や家族、知人が人材のプールとなり、創業間もないビジネスの新たな人材がここから生まれる。インタビューしたリーダーの20％が、友人や家族の紹介を頼りに新規採用を行うと答えている。

これらの会社が成長するにつれて、雇用活動は必然的により計画的になり、組織化される。多くの場合、こうしたスモールチームにはサポートスタッフを持つ余裕がなく、雇用活動を支える定式化されたアプローチに頼っているが、成長するチームの変化に伴い、焦点となるスキルセットのタイプを切り替える必要がある。

「人数が7〜15人の頃は、雇用の焦点はいつもデベロッパーやデザイナーといった制作スタッフにありました」と話すのは、トロントにあるThe Working Groupの創業者ドミニク・ボルトルッシだ。「私はプロジェクトマネジメントをやり、アンドレス（ボルトルッシのパートナー）もプロジェクトマネジメントを行っていました。だから、人数が15人になるまで、いや20人になっても、社内の全員が制作スタッフのようなものだったのです」。私たちが調査した多くの会社で、これが標準的な状況だった。初期の従業員は異なる帽子をいくつもかぶり〔つまり、複数の役割を兼任し〕、いずれはサポートスタッフが担うべき業務を行っていたのだ。チームが大きくなるにつれて必要なサポートスタッフの人数が増えたが、これは有機的で自然な進化だった。熟練したリーダーは、こういった雇用の焦点の変化に驚くのではなく、その移行に備えていたのである。

アンソニー・アルメンダリスは、オースティンで、小規模だが成長している11人体制のプロダクトデザインスタジオFunsizeを経営しているが、今のところ雇用は既存の関係性を頼りにしている。「採用活動は完全に有機的でした。これまで雇ったのは、私たちの個人的な知り合い、仕事仲間の知人、あるいは私たちと貴重な経験を共有した人たちです。すべて紹介による採用ですが、誰かに本当に来てほしいと思えば、仕事を一緒にやれるようにする方法を探します」。企業が成長すると友人や家族を雇えなくなるというわけではないが、大きなネットワークがなければ負担が大きくなるかもしれない。

友人を雇用するアプローチについては、ボールダーに拠点を置く

2 ｜ 人材　39

Haught Codeworksの創業者であるマーティ・ホートも繰り返し述べている。「長年、チームのメンバーは何年も仕事を共にした友人でした。"一緒に仕事をするのが本当に好きだから、私と一緒にこれらのプロジェクトに取り組んでほしい"と思っていました。多くがこんな調子だったのです」。ホートは、会社の成長とともにこの戦略が変わり、多少形式的な新人研修とトレーニングを含む手法に変わりつつあることを認めている。「しかし最近になって、若手社員をもう2人雇い入れました。そのうちの1人は、実はHaught Codeworks社で正式なアプレンティスシップ〔徒弟制度〕のプログラムに取り組んでいます。彼らは私の友人の推薦で来たのです」。人材の話になると、自らのネットワークの重要性がデザインリーダーの一貫したテーマとなるのだ。

　リーダーたちと話していると、スタートアップや小規模デザイン会社は、個人的ネットワークに頼って人材を得ているように思える。外部資金の援助で会社が急成長を図っているのでなければ、会社が成長して組織構造の形式化が必要になるまでは、個人的ネットワークによる人材確保はまったく理にかなった話である。私たちがインタビューを行った独立系デザイン会社のなかで、外部資金の支援で急速な成長を図ろうとする会社はほんの一握りだ。ベンチャーファンドの支援によるサービスデザインのスタートアップは非常にまれであるため、インタビューの対象には含めていない。

人材の発掘は
セールスパイプラインの開拓に似ている

　成功している企業のセールスへのアプローチと同じように人材パイプラインにアプローチするのが、すばらしい人材を発掘するカギであろう。サービス系でもプロダクト系でも同様に、痛みを感じずに持続的成長を達成するには、パイプライン内に信頼できる従業員候補者リストを持っていることが必要だ。セールスパイプラインがサービスビジネスの血液だとすれば、人材パイプラインは呼吸するための空気である。大規模組

織のなかで仕事をするデザインチームにとっては、人材パイプラインは戦略的活動の核心と言えるかもしれない。人材の発掘は継続的な取り組みであり、根気と計画性が必要だと認識していることが、最高の結果を出すデザインリーダーに見受けられた特徴である。

Think Brownstoneのカール・ホワイトはこの点を強調している。「私たちは、採用活動をビジネス開発のように扱います。採用は人間関係に関わることなので、時間がかかるのです。わが社の候補者パイプラインは、新規ビジネスのパイプラインと同じくらい活性化しています。私たちは人材のリクルーティングに多くの時間をかけ、ときには３カ月も費やします。誰か目立つ人が見つかれば、直接会って話をします」。

多くのリーダーは、人材パイプラインの確立がきわめて重要だとわかっていても、どこから着手したらいいのか確信が持てない。その秘訣は、公共の場で会社と仕事について話をすることだと思われる。「知っていることすべてを分かち合うのです」と話すのはViget社のCEO、ブライアン・ウィリアムズだ。「私たちは何年もブログを続けています。カンファレンスに出席し、できるだけ発言するようにしていて、スタッフにもそうするようにハッパをかけています。可能なときには自社のスペースでイベントを主催し、地域の住民にとっての適切な支援を見極めるようにしています。こうしてコミュニティの善良なメンバーとなるだけでも相当意味のあることなのですが、実は、わが社の評判を築き上げるよう頑張っているわけです。すばらしい仕事をして、仕事を共有し、それについて話ができる会社で、住民のためにちょっとしたことをしてくれるので、会社の文化を理解できる、という評判です。それによって多くのつながりが生まれ、大勢の人たちがやって来るのです」。

広い網を投げると、人材を引き寄せるファネル（じょうご）ができる。すると、有望な人物が常にそこに来てドアをノックすることになる。やって来た人を追い返すのは、次の社員候補がどこから来るのか心配することに比べれば幸せな苦労というものだ。

セールスパイプラインと同じように、決まるのに他社より時間がかかることもある。ときには、理想の候補者が現れても、すでに立派な仕

2 ｜ 人材　　41

事についていたりチームに加わるタイミングがあまり良くなかったりする。しかし、これはプロセスの一部だとホワイトは説明する。「ぴったりの人材ならそのまま機会を待ちますが、彼らを雇うチャンスは来ないことが多いのです。でも、3回に1回はこんな風になるんですよ。"私たちはお互いに気に入っているけれど、今は他の付き合いがあります。それが済んで星の巡りがよかったら一緒にやりましょう"とね。わが社の場合、このやり方が本当にうまくいっています」。

　セールスパイプラインと同様に柔軟性が求められ、すべての雇用戦略が同じである必要はない。「上級クラスを探しているのなら、彼らがキャリアを積んで一定のところまで来ると、求人掲示板を見て仕事を獲得しようなんて考えないことをお忘れなく」。コンサルタント会社Pluckyの代表、ジェニファー・デイリーはそう念押しする。「一杯飲むかランチを食べながら、いくつか戦略的な話をして自社や相手のニーズについて話し合えば、相手は雇用を受け入れるでしょう。こうした上級クラスの雇用は、新卒者とは違った形で人材パイプラインにやって来るということを忘れないでください。あなたの人材パイプラインには、さまざまな経路や紹介を受け入れる柔軟性が必要なのです」。

　それぞれのチームがどのように人材を雇用し成長するかを理解するためには、会社が支える文化のタイプを知る必要がある。nGen Worksの場合は、「チームが実際にチームを雇ったのです」とカール・スミスは言う。「これで最高に良かったのは、チームメンバーに忠誠心を持ってほしければ、彼らが来てほしいと思った人と一緒に仕事をさせるべきだと早い段階で気づいたことです。コアチームが、一緒に仕事をしたい人を探し出し、プロジェクトの仕事に参加してもらいます。それが新人研修プロセスです。プロジェクトであなたに来てほしいと言ったチームに実際に加わるのです。こうして、うまくいくようならその人を雇います。チームがチームを雇い入れるのです」。

　ここで1つ大事なポイントを話そう。チームメンバーは行きあたりばったりにチームに人を追加するわけではない。そうではなく、クライアントがプロジェクトを承認すると、チームメンバーはプロジェクトに

必要な特定のスキルを持つフリーランサーを招き、プロジェクトに参加してもらうのだ。フリーランサーが着実にチームに価値をもたらせば、正社員になるように誘われるかもしれない。「しかし、チームがチームを解雇するときは逆になります。それはTV番組の『サバイバー』にそっくりの状況です。出来が悪ければ、投票で島から追い出されるのです」とスミスは警告する。「私も、投票で島から追い出されるよ、とからかわれるようになっています。私はそれでもいいのですが」と彼は笑う。多くの点で私はこの方法が好きではあるが、個人的には、チームに新規雇用の最終決定をさせることに違和感がある。リーダーはしばしば、人気は高くなくてもチームを前進させるのに必要な人物を追加する必要があるからだ。新たなチームメンバー採用の決定にチームを関与させるアイデアには大賛成だが、結局のところ、最終選択はリーダーの仕事だと私は考えている。

　新たな人材に会う機会を積極的に作ることは、私たちの話に何度となく登場したテーマだった。わずかな例外を別にすれば、インタビューしたリーダーはみな、新たな候補者を自分の人材ファネルに追加する具体的戦略を持っていた。雇用戦略は多種多様であっても、成り行き任せではなく、常に計画的アプローチが行われ、あらゆる段階に最高幹部が関与しているところが一貫した特徴だった。

　「実はここ数日、私たちもそのことについて話していたのです」とCrowd Favoriteの創業者でインタビュー当時のCEOアレックス・キングが指摘した。「私の業績の1つは、自分が候補者を念入りに調べてきた手法を文書にして、ゆくゆくはその責任を一緒に担う人たちに見せることでした」。2014年初めに会ったとき、キングの会社は買収されたところだったが、キングは健康上の理由から、自分の責務のいくつかを雇用マネージャーに移し始めたところだった[*1]。「私たちはまた、求人記事の書き方を工夫して、職務に必要な責任と目標のタイプをもっと具

---

*1　アレックス・キングは不幸にも2015年9月末に逝去。私たちとのインタビューの後、彼は健康管理と家族との時間を過ごすためにCrowd Favoriteを退社した。デジタルデザイン業界は偉大なリーダーと友人を失った。

体的に示そうという話もしていました。そうすれば、応募者はそれが
自分の要求にぴったりなのかどうか自分で選択することができるでしょ
う。その結果、雇用は必要なときだけに行うものではなく、もっと継続
的なプロセスになるのです」。

スキルか熱意、どちらを優先する？

　新たなチームメンバーの採用、面接、そして新人研修が企業リーダー
の最優先事項であることは間違いない。私たちが会ったリーダー全員の
一致した意見は、適切な人材を確保できればきわめて広範な効果が得
られるため、どうやって正しい人材を見分けチームに招くかが死活問題
として重要だということだった。しかし、リーダーは卓越したスキルを
求めて探し回るべきか、あるいはそれを学べる熱意のある人物を見つ
けるべきか、そのどちらを優先すべきかはそれほど明確ではない。
　「私はシナリオに沿った面接の大ファンです」と話すのは、XPLANE
会長のデイヴ・グレイだ。「つまり、誰かと面接するとき本当に知りた
いのは、彼らが困難な状況でどう振る舞うか、あるいは人間関係の問
題をどう扱うかです。私なら次のように尋ねます。"仕事で人間関係の
葛藤を経験したときのことと、そのとき何をしたかについて聞かせて
ください。何か失敗して、今も大切にしている重要な教訓を学んだと
きのことを話してください。それから、これまでで最高の上司について、
また最低の上司についても聞かせてください"と。最悪の同僚、最高の
プロジェクト、こういったことです。つまり、状況質問によるインタ
ビューで私が知りたいのは、この人はどう振る舞うのか？　自分が所属
する社会システムをどう理解しているのか？　対立をどう処理するか？
ということです。それは、大変重要なことだと思います。それを避け
るのか？　対処するのか？　仕事をやり遂げるまで他の人たちとどの
ように交流するのか？　つまり、彼らが仕事で出会いそうな場面を説
明して、彼らが過去に似た場面に遭遇したかどうか、そしてそれをど
う考えてどう対処したかを調べるのです」。
　ぴったりの相性を探すということは、ふさわしい資質に目を向けるこ

とを意味している。「すばらしい才能が見つからなければ、優秀な人材を見つけて才能を育てよう」とZurbの創業者でCEOのブライアン・ツミチェフスキーは話す。「ロックスターを探そうと考えるのなら、幸運を祈るしかないですが」。才能は作られる —— 生まれつきのものではない —— というこの考え方は、私たちのインタビューで繰り返し取り上げられたテーマだ。デザインリーダーの認識では、人のデザインへの熱意は生まれつきかもしれないが、デザインの才能は教えられるものだという。「完全な従業員、完璧な人がいるという考え方をしたことはないんです」とツミチェフスキーは続ける。「自分のやっていることに大変な情熱を持ち、勤労意欲が高く、お互いを尊敬する人たちに組織を合わせるようなものです。そうやって環境を育てると、人が途方もない能力を発揮することがわかって驚くことでしょう」。

自分より賢い人を採用しよう

多少常套句すぎるかもしれないが、私たちがしばしば耳にしてきたモットーは、「自分より賢い人を採用しよう」というものだった。興味深いことに、これらのデザインリーダーは単に自分より賢い人を雇用するだけでなく、賢くて、しかも会社のビジョンを創業者にはできそうにない方法で推し進められる人を採用している。「私は過去の自分よりはるかに優れた、仕事のできる人を採用するのです」と言うのは、ボルティモアに拠点を置くFastspotの会長兼チーフビジョナリーオフィサーのトレーシー・ハルヴォルセンだ。「わが社には優秀なデザイナー、立派なプログラマー、優れたプロジェクトマネージャーがいます。自分がいちばん得意なのは、あらゆる人が前進するように支援することですが、個々の仕事については彼らのほうが私よりはるかに優秀です。私が立派に見えるのは、彼らのおかげなのです」。

それは単に賢い人を探すだけではなく、組織の目標と自分たちの技術に責任を持つ人を見つけることだ。The Working Groupのボルトルッ

2 │ 人材　　45

シはこう指摘する。「目標は、私たちの働き方に足並みを揃える人を探すことです。私たちは一緒に楽しく働いて高いレベルを追求し、それを大いに楽しんでいます。ですから、それに足並みを揃えて、本当に仕事ができて、デベロッパーであれデザイナーであれ、熟練技術者としてのキャリアを追い求める人を探しています」。

自分よりも賢い人を雇用するだけでは十分ではない。自分たちとは異なる人を採用する必要もあるのだ。ダイバーシティはただの知的挑戦にとどまらない。それはデザイン会社を成功に導く秘伝のソースと言える。

スキルのダイバーシティ

優れたソフトスキルやハードスキルを持つ人材を雇用するという考え方に密接に関係することだが、スキルを持つ人はみな同じだと考えてはならない。ハードスキルとは一般に、プログラミングやデザイン用アプリケーション.の利用、あるいは提案書作成のような技術スキルのことだ。ソフトスキルは、コミュニケーションやプレゼンテーション、問題解決のようなことを指す。後者のスキルは評価が難しくなることもあるが、デザイン会社がクライアントに真の価値を届けて成功するために頼りにすべきスキルである。被雇用者のなかにはすばらしい個人的貢献をする人もいれば、もっと幅広いマネジメントの役割を担う人もいるだろう。誰の強みと弱みを会社組織のジグソーパズルにうまくはめ込むべきかを理解することが、チームの成功のカギである。

私たちはデザインリーダーに、チームスキルと相性の点で、常に探し求めているものは何かと尋ねた。インディアナポリスにあるSmallboxの共同創業者でCEOのジェブ・バナーは、自分を安全地帯から押し出すような人間が好きだ。「私や他の人にひるむことなく挑戦し、しかもそれを、愛を込めて優しくやってのけるスキルのある人が欲しいのです。自分より優秀な人物を求めています。私は、自分がデザイナーやデベロッパーではないという現実に苦しむことがありますが、それは、私がそんな面で協力したくてもうまくできないからです。でも本当に、一目見

ただけで"すごい！ こんなスキルセットを持てるなんて信じられない"と言えるような才能とスキルを持つ人材を探しています。彼らが何かやるのを見るたびに、潜在能力について幅広く考えられるようになるのです。そういうわけで、私は人が自分の考え方を狭めるのではなく、広げてくれることをいつも望んでいます」。

インタビュー中に何度か話題になったのは、「誰がバスに乗っているのか」と、「誰を乗せる必要があるのか」というアイデアにもとづくチーム作りだ。バスの喩えは、経営学者で著作家のジム・コリンズ[*2]が最初に考案したもので、ビジネス書の名著『ビジョナリー・カンパニー 2 飛躍の法則』に登場する。私たちのインタビューにおいて、そのアイデアはコンセプトとして繰り返し引用され、出会ったリーダーの多くが採用しているアプローチと共鳴しているように思える。コリンズのアイデアによると、それぞれの企業は、目的地（ミッションまたは目的の喩え）を目指して出発しようとするバスに似ている。適切な人をバスに乗せて適切な席に座らせ、不適切な人をバスから降ろすことが、コリンズの著書の教えの1つだ。「新しい人を雇うときに私がいちばんに求めるのは、チームに欠けているものなんです」とBancVueのクリエイティブディレクター、スコッティ・オマホニーは言う。「私はチームの他のメンバーが学びとれるような才能や経歴、経験を持つ人を探すのです」。

デザイン分野での成功に絶対に欠かせないのは、ハードスキルとソフトスキルを兼ね備えた人物を探すことだ。デザインプロセスのかなり多くの部分が人間に関わるものなので、好業績のデザイン会社で働き、クライアントと接する人には、優秀なライティングとプレゼンテーションのスキルが要求される。オマホニーはこう述べている。「私のところには献身的なプロジェクトマネージャーがいるので、面白いスキルセットになっています。コミュニケーションを楽しみ、細部に気を配る人、顧客管理ができて費用管理が上手な人を探しているのです。それはデベ

[*2]　Jim Collins Good to Great: Why Some Companies Make the Leap... And Others Don't (New York: Harper Collins, 2001). (『ビジョナリー・カンパニー 2 飛躍の法則』ジム・コリンズ著、山岡洋一訳、日経BP社、2001年）

2 ｜ 人材　　47

ロッパーに要求されるスキルセットとは違います」。異なるスキルセットを持つメンバーのチームを作ると、グループ全体のレベルが上がる。スキルや経歴、考え方が多様なので、チーム全員の共感や思いやりが強まるように思える。そこがデザイン分野で肝心なところなのだ。

オマホニーのプロダクトデザインチームにはインタビューの時点で30人のメンバーがおり、彼はデザインリーダーの大多数と同じく、ダイバーシティについての全体論的な考えを持っていた。「私がユーザーリサーチ経験のある人材を探していたのは、チームにそのスキルがなかったからです。そして、イラストレーションや映像のような異なるバックグラウンドを持つ人材を探したのは、そういった分野はまだ初期段階で、私たちが育てたい分野だからです。もしチームにその経験のある人材を加えることができれば、チーム全体の力になると考えたのです」。

ジェンダーは、誰もが見て見ぬふりをしているダイバーシティの重要問題だ。私たちの業界には、男性デザイナーが多いほうがよいという明らかなジェンダー差別がある。私たちが話したリーダーの何人かは、このことに懸念を示していた。「ここのチームは結構多様性に富んでいますが、もっと性別バランスの取れたものにしようと試みています。それがもうひとつの課題です」と認めるのはThe Working Groupのドミニク・ボルトルッシだ。「わが社は、デザイナーの半分は女性で、デベロッパーはすべて男性という、昔ながらのエージェンシーになってしまいそうです。私たちはそれを変えるように頑張って、変化が進むよう後押ししています」。この問題は単に機会均等に関わるだけではない。ジェンダーダイバーシティは、優れたデザインに不可欠な視野の多様性をもたらすからである。ジェンダーの不平等を改善させようと、さまざまな取り組みが行われている。このテーマは重要だが、あまりにも広範で本書には収まりきらない。デザイン業界から他の業界の手本になる事例が生まれることを願っている。

成長して大きな靴を履けるようになるのではなく、成長して靴を脱ぎ捨てる

　人材の拡充は、計画してスケジュール化することができるが、これは、差し迫ったニーズが発生する前に雇用するべきだと言っているわけではない。アンソニー・アルメンダリスは賑やかなオースティン6番街を見渡すFunsizeのオフィスで、雇用にまつわる不安について話してくれた。「私たちは、恐る恐るチームを作りました。ナタリー（Funsizeの共同創業者）と私は人件費のことが本当に不安でした。それまで給料を支払う状況に置かれたことがなく、最初のうちは何となく怖かったのです。はじめは常に業務委託から出発して、そこで彼らが文化的に適応し、必要な貢献ができて、適切なスキルを持っているかを確認しました。やがてそれが、たいていはそのまま維持したい関係になります。そうやって、私たちは人を増やしてきました。しかし、やがてメンバーが5人か6人になると、長期のフルタイム雇用の契約が必要であると明らかになってきました」。

　ここで繰り返しておく価値があるのは、雇用を正式化するというのは、雇用が会社の成長に先行すべきだという意味ではないことだ。人材はデザインサービス会社の最大のコストであるため、チームメンバーの追加は慎重に、しかし生産を阻害するほど遅れないように進めなければならない。このバランスを取る行動は容易ではない。リーダーたちが繰り返し述べたのは、既存のチームに最大の力を発揮させることと新たな人材投入のバランスを取るのは絶え間ない格闘だということだった。最大の成果を上げているリーダーは、彼らのセールスパイプラインの情報を活用して、人材配置のニーズを決めている。

　会社の将来的な成長ニーズによって雇用の決定をするのは、すっきりしたアプローチのように思えるかもしれない。理屈では、雇用の前に計画を作り、それをやり通すべきだ。しかしデザインサービスの世界では、それは必ずしも前進に最適な方法とは言えない。あまりに先のことを計画しても、現実に逆らうことになる。もしスタッフの増加に見合うク

2 ｜ 人材　　49

ライアントの仕事がなければ、計画にもとづく雇用は面倒なことになりかねない。

　この教訓を強調するのは、Happy CogのCEOを務めるグレッグ・ホイだ。「私たちが行った採用の意思決定は、需要予想を満たそうと一気に大量の人材を採用した点で、ちょっと野心的すぎたのでしょう。ある週はこう見え、2週間後には違って見えるパイプラインに合わせて増員するのは、サイコロの目で決めるようなものです。熟慮のうえ決定したので人員過剰にはならない、という風にできればいいのですが」。2014年のはじめ、Happy Cogは「チームベース・モデル」の試みを始め、デザイナーとデベロッパーの先行採用を行ってチームの1つを増員した。しかし、事業開発の予想が変化してこのチームに仕事を与えられなくなると、彼らはそのメンバーの一部を解雇する苦しい決断を迫られた。グレッグはその教訓を冷静に受け止め、増員の決定は常にセールスパイプラインによるべきだと私たちの注意を喚起している。

　結局のところ、話をしたデザインリーダーたちは、活用しきれていない人員のオーバーヘッドを持つより、わずかな要員不足があるチームのほうが望ましいという見解で一致した。対応できる要員がいないときに仕事を受けるのは大変だと感じるかもしれないが、マイナスキャッシュフローというストレスの大きい負担に比べると、ギャップを埋めるのは比較的容易である。これは小規模から中規模のサービスエージェンシーにはほぼ当てはまるが、資金たっぷりのスタートアップ、大企業、社内デザインチームには当てはまらないかもしれない。後者のグループには、必要な仕事量を見込んでチームの成長を支える、長期のキャッシュ支援かその代わりになる収入源があることが多い。

　適切な人材を不適切なときに雇用し、その後、この新規雇用を支える仕事がなくて人員過剰となることが問題のすべてではない。それ以外に、不適切な人材を不適切な理由で採用する危険もある。個々の雇用がチーム全体のニーズに貢献し、チームの何らかのギャップを埋めなければならないのだ。「決して不適切な人を大急ぎで採用してはいけません」と言うのはVirgin Pulseのプロダクト責任者、ジェフ・クシュメレ

50

クである。「扶養家族がいて仕事が欲しくてたまらないような人については、飛びつかないように、決して不適切な雇用をしないようにしましょう。やがては、あなたやあなたのスタイル、また与えられた仕事にも不満を持つことになるでしょうから」。クシュメレクはさらに、自分たちに不足している部分を補う補完スキルを探しているということにも言及する。「私たちは常にそういった穴を埋める必要があるのです。あなた自身のレプリカになりそうな人を欲しがってはいけません」。

この見解は、インタビューしたリーダーの大半が口にしていた。優秀なデザインリーダーは、雇用に際して、共通の価値観を持ちながら既存チームのギャップを埋めるスキルも持つ人材を求めている。これらのデザインリーダーにとって理想の候補者とは、目標や価値観、コミュニケーションスタイルは自分たちと似ているが、経験や物事の見方、そしてスキルが異なる人物だと言えるだろう。

指導を受け入れる学習意欲の高い人を雇う

面会したなかで、成功しているリーダーの多くは、若手の人材を雇用し、その育成に時間とお金を投資して必要なスキルを教えることを好んでいた。これは多数意見ではなかったものの、アプローチとして最も人気があった。彼らはとりわけ、優れたソフトスキルや可能性を示した若手の人材をよく雇用しているようだった。デザイン業界では、ソフトスキルとはコミュニケーションと対人スキルを意味している。プレゼンテーションやコミュニケーションがうまい、あるいは問題解決スキルを持つことが、グラフィックデザインやプログラムを書く能力よりはるかに強くリーダーにアピールしていた。インタビューしたリーダーの37％が、「若手を採用して訓練する」ことを好むと回答したのだ。

このアプローチで考慮すべき大事なポイントは、若手は熟練者や経験者の代わりにはならないということである。世の中には熟練した若手のデザイナーやデベロッパーも確かに存在するが、あらゆる若手候補者

2 | 人材　　51

があなたの要求する熟練度と経験の深さを備えているとは考えにくい。そのうえ、若手には新しいスキルの訓練が必要なことが多い。比較的経験の浅いスタッフを訓練する準備がない場合、このアプローチは生産性を低下させる可能性がある。これは私たちがFresh Tilled Soilで直接経験したことで、Teehan+Laxの共同創業者ジョン・ラックスも同じことを認めている。「私たちは、ずっと早い段階で、若手スタッフを雇って育てるのはあまり得意でないことを学びました。もう少し熟練した人のほうがずっとよかったのです。その結果わが社では、そうですね、3〜4年の経験を持つ人を採用することが多いようです」。

第1章「企業文化」で議論したように、あなたが立ち上げる組織は、高度に磨かれた専門家の引き抜きを狙うか、あるいは若いダイヤモンドの原石を育てるか、どちらかの雇用方法を採用することになる。若手のデザイナー、デベロッパー、あるいはプロジェクトマネージャーを雇用することはコスト削減のための戦略のように見えるが、明らかなデメリットとして、彼らには必要な経験が必ずしも足りていないことが挙げられる。このため、足りないスキルを育てる時間への投資が必要であり、安価な人材というメリットはいくらか帳消しとなる可能性がある。

Pluckyのジェニファー・デイリーは、若手の人材をコスト削減戦略と考える風潮に警鐘を鳴らす。「自社で育成する人材は、チームのなかで最も忠実で文化的に活力のあるメンバーになり得るという見方に全面的に賛成です。しかし多くのエージェンシーが若手を指導するインフラも整備しないで、多少の節約のために彼らを雇っていることも指摘したいです。失敗すると後がない状況です。とりわけミレニアル世代は、指導と明確なガイダンスを好みます。何度も目にすることですが、経営陣は若手を雇って、彼らをそこのいちばん忙しい人に割り当てます。でも、指導には時間と労力、そして余裕が必要です。あなたは給料で支払うお金は節約できるかもしれませんが、上司の時間を採用者への投資に費やす覚悟がなければならないのです」。デイリーの警告は、私たちがデザインリーダーから何度も聞いたことでもある。リーダーの大多数は、トレーニングと指導には実質費用がかかるが、その投資からは十分な見

返りが得られるという点で意見が一致していた。若くて低コストの人材をただの近道と考えるデザインリーダーは、最終的には将来にわたって対価を支払うことになるだろう。

　上級レベルのデザイナーやデベロッパーの雇用は、独自の難題をいくつかもたらす。コストはいちばん明白な難題だが、場合によっては、本人がどこかで身につけた悪い習慣を持っているという難題もある。本書でインタビューしたリーダーには、候補者をよく知る前に雇用する不安を口にする人が多かったが、これは、好業績を上げるデザインリーダーがソフトスキルと相性の良さを好むことをはっきりと示している。そのような共同作業の業界では、ただハードスキルを持っているだけでは不十分なことが多いのだ。リーダーの大半が、カール・ホワイトの言う「買う前に試す」アプローチを勧めている。カールはフィラデルフィアを拠点とするデザインスタジオ、Think Brownstoneの創業者でCEOである。「私たちが雇った最優秀の人材の何人かにはこの分野の経験があまりありませんでしたが、彼らは今や私たちのベストメンバーに入っています。これははっきり言えますが、一度会ってから多少の"相棒見習い"〔米国の2014年のアクションコメディー映画『ライド・アロング　〜相棒見習い〜』に由来〕をやってもらえば、そのチャンスをつかんできちんとやれる人だとわかります。彼らはわが社の最高の人材なのです」。このアプローチはまた、もっと公式なアプレンティスシップによるモデルとしても人気が出ている。デザインアプレンティスシップが成功する理由は、ヨーロッパや日本では長い間知られていたが、北米で人気が出始めたのはつい最近のことだ。この話題については章の後半でさらに触れよう。

　指導を受け入れる人材を雇用することと関連しているのが、成功へのモチベーションの高い人材を採用することだ。「この話をしたら問題になるかもしれませんが、私は移民の第一世代を雇用するのが好きです」とボルトルッシは言う。「彼らにはありとあらゆる情熱があります。新しい国の新しい場所でキャリアを築くのですから。労働倫理がすばらしく、態度も立派、自己権利意識の肥大はありません。これはもちろん、移民でない人はそうではないと言っているのではありません。私はわざ

2 ｜ 人材　　53

わざ移民を雇用するつもりはありませんが、わが社には、最近カナダに移住したとか両親がカナダに定住したとかいう人が多いことに気づかされます。なぜかわかりませんが、私たちはみな、実に気が合っています。それはこの業界の特性かもしれませんね。STEM〔Science, Technology, Engineering, Mathematicsの略〕が中心で、サイエンスが重視され、その技術的な部分が多くのアジア人、東南アジアや中東出身者に有利に働くようです」。私自身も移民なので、ボルトルッシの洞察を支持する。他国から米国への移住は、多くを危機にさらすことに他ならない。家族の期待、自分の価値を証明すること、そして自分の文化を辱めたくないといったことは、移民が直面する事柄のほんの一部だ。これらの外部条件が強力な動機づけの要因となるのだろう。

America's Test Kitchenのデジタルデザインディレクター、ジョン・トレスは、適切なモチベーションを見つけることに賛同している。「私は自我が肥大してない人を探しています。成果物に自分の印をつけることより、出来ばえに夢中になる賢い人です」。

Fresh Tilled Soilでは、ベストな人材は指導を受け入れる人だという考えを採用し、Apprentice in User Experience（AUX）を構築した。人材ニーズにきちんと対処するための一環として110日のプログラムを開発し、口先だけの人をふるい落とすための事前プログラムとしてブートキャンプを付加した。目標は、体系的な学習とマンツーマン指導、およびクライアント体験実習によって、有望なデザイナーとデベロッパーをユーザーエクスペリエンスのプロに変身させることである。ブートキャンプを切り抜けたアプレンティス（実習生）は、課題への対応を指導するメンターと組み合わされる。アプレンティスは全員、新たなスキルを得るためのレクチャーといくつかの課題に参加する。また、彼らは貴重な実世界の体験として、クライアントプロジェクトの仕事をしなければならない。卒業すると、私たちのチームにフルタイム従業員として加わるか、あるいはパートナーまたはクライアントのチームに預けられる。こういったアプレンティスシップ・プログラムはデザイン分野でますます人気が出ており、Sparkbox、Thoughtbot、Upstatement、Merge、ある

いはDetroit Labsといった業界トップ企業の運営による実績あるプログラムが利用可能である。これらのプログラムの成功を目にして、さらに多くの企業が追従することは間違いない。

チームの育成

　ジム・コリンズのバスの喩えをもう一度思い起こせば、リーダーは誰をバスに残して誰をバスから降ろし、またどの新しい席を埋めるかを知る必要がある。心配なのは、雇用するマネージャーが単純に自分に似た人を採用するのではないか、ということだ。Yellow Pencilバンクーバーオフィスのユーザーエクスペリエンスデザイン・ディレクターを務めるスコット・ボールドウィンは、「クローン」を雇用しても組織ニーズを満足させることにはならないと念を押す。「多くの場合、それではグループ内に面白い緊張が生まれないことに気づいたのです。多様な文化の人がいて、それが意味をなせば、あるいはさまざまな個性の人がいれば、チームははるかにダイナミックで面白いものになります」。

　会社の成長とともに雇用のプロセスも複雑になる。かつて口コミによる人材紹介を当てにしていた企業やチームは、今や新たな問題に直面する。仕事の多様化と人材パイプラインの量である。「20人台を超えるあたりになると、いくつか新しいタイプの役割を作る必要性が痛いほど明らかになってきます」と言うのはドミニク・ボルトルッシだ。小さい企業は従業員に複数の帽子をかぶることを要求するが、チームが拡大するとそれは持続困難となる。仕事の細分化とともに、そういった特定の役割の人を意識的に採用する必要性が生まれる。「プロジェクトマネージャーが増え、プロダクトマネージャーが増え、オフィスコーディネーター、オフィスアドミニストレーター、そして今では人事担当がいます。時間の経過とともに多くの役割が作られて、チームは変わってきたのです。ですから今も面接するときには」とボルトルッシは続ける。「相変わらず、メンバーと仲良くやっていけるか知るために、ライフスタイル

と文化の適性を見極めるようにしています。スキルセットを、単なる優れたデザイナーやヘルパーであることから、その他の数多くのスキルを持っていることへと広げているのです」。

Think Brownstoneのホワイトは、候補者をフルタイムで雇用する前にフリーランサーとして働いてもらうのを好んでいるが、次のように述べている。「会社が大きくなって私たちのプロセスがもっと肉づけされると、多分、買う前に試す方式のアプローチは減少するでしょう。それは難しくなってもいます。この分野での経験はなくてもすばらしい業績を上げそうな人が現にいるのですから」。

経験の多様化は、意見が多様化してチームの親密な関係が必要になることを意味している。チームが大きくなると、雇用される人がすべて完全なスキルセットを持っているとは、あるいは問題解決へのアプローチにいつも賛同するとは単純に考えられなくなる。重要なポイントは、チームメンバーのあいだに良い雰囲気があることだ。結束の良いチームは、仕事上の意見が異なっていてもうまく仕事をすることができる。この章を通して議論してきたように、成長するチームのダイバーシティを確保することがリーダーの成功のカギである。「私はあらゆることに意見を持つ人を採用してきました。UIのデザイナーであっても、UXについての意見を持つべきです」と話すのはジョン・トレスだ。「私は個性がよくかみ合う大人と一緒に仕事をしたいのです。チームと会社を作るのが私の仕事で、プロダクトやサービスを作ることではありません」。トレスのこの最後のポイントは、デザインリーダーシップについて私たちが耳にしたベストの表現かもしれない。リーダーの仕事とは、デザインを創造することではなく、デザインを創造するチームと文化を作ることだ。これが、人材の獲得あるいは人材創出におけるリーダーの究極の役割である。

一緒に仲良くやっていける個性の持ち主を見つけ、必要なときには力強い議論を尽くさせることが、すばらしいデザインワークに欠かせない多様な視点をチームにもたらすのである。しかしこれは、チームがすでにできあがっている場合には必ずしも容易ではない。古い習慣や支配的パーソナリティが深く根づいていると、リーダーは別の課題に直面する。

多くの場合、長年使われてきたやり方があり、それを変えることは非常に難しい。時間の経過とともに、しかもそうと気づかぬうちに、チームに過度の画一化が見られようになるのだ。「本質的に自分と同じような人を雇うマネージャーと、違う人を雇うマネージャーがいます」とYellow Pencilのボールドウィンは語る。「しかし、私は両方が混在しているようにしたいのです。私が持っていないスキルセットを多様化して利用する人、あるいは私と彼らがお互いに何かを学び合えるスキルセットを持っている人です。理想的には、チームで一体となって仕事をするべきで、そうやって成長すべきです。しかし多くの場合、マネージャー連中は自分のレプリカを雇うことが多いと思います」。

バンクーバーにあるGreyのゼネラルマネージャー、ニール・マクフェドランに会ったとき、彼はゼネラルマネージャーの職に就いたところだった。マクフェドランは既存のチームを引き継いでいたが、それを再編する機会があった。私たちは、彼がチーム作りと継続している文化の視点から、引き継ぎと再編の課題にどうアプローチしたのか尋ねた。「着任したとき、それまで長年いた何人かは転職していましたが、中核の良質な人材はまだとどまっていました。誰を残して誰を残すべきでないか、他の人たちの意見を評価するのに少し時間がかかりましたが、そうやって異なる視点からその問題にきっぱりと対処しました。私はこの地にいて感じることができるので、トロント本社の経営者の考えとは異なる見方や考えを持ったのです」。

才能のある人材はさまざまな職業や階層からやってくる。パーソナリティや文化の違いが、デザインについての話し合いに新しいアイデアの息吹を吹き込むのだ。彼らがデザイナーやデベロッパーになるまでにたどった道筋は、パーソナリティとまったく同じように多様である。昔ながらのデザイン教育がデザイン業界に通じる唯一の道ではない。「私は2つの道に出くわしたことがあります」とAirbag Industriesの創業者でHappy CogのCMOであるグレッグ・ストーレイは話す。「デザイン学校を卒業したての学生を雇って一緒に仕事をしたことがあります。彼らは多くの戦術的な体験をしていました。アプリケーションスキル、少

しばかりのデザイン実務経験、たくさんのハウツーもののなかを練り歩いてきたようなものです。ところが私は、必要なことすべてを独学で学んで世慣れている数多くの人たちと出会い、仕事を共にしてきました。この双方にとっての居場所が確実に存在するのです」。

バランスを取って解雇する

　人材獲得戦略のもうひとつの側面は、いつ人材を放出するべきかを知ることだ。America's Test Kitchenのデジタルデザインディレクター、ジョン・トレスは言う。「もしあなたが、従業員のある特定の振る舞い、間違った行い、あるいは他の人への対応の仕方について話し合う会議を何度も開いて、そういった人に時間を使いすぎているなら、彼らを解雇する必要があります」。私たちは解雇についてのこの考え方が気に入っており、それは次のように要約され、デザインリーダーの自問に使うことができる。「もしこの人を最初からもう一度雇用しなければならないとしたら、そうするだろうか？」。この質問に対する回答は、そのチームメンバーとの関係を打ち切るか育成を続けるべきかという意思決定への明確な道筋を、リーダーに示すものでなければならない。

　ある人がとどまるべきか去るべきかについては、その状況を彼らの立場で考えることからも情報を得ることができる。多くの場合、あなたが誰かに問題があると感じているときには、相手も同じように感じているものだ。彼らはすでに転職を考えていて、あとは話すことだけが必要なのかもしれない。「実質的にチームやグループの一員ではない、あるいは職務に必要ではないといった人が、チームにある程度いることが認識されつつあるのかもしれません」とYellow Pencilのスコット・ボールドウィンは話す。「私の部下にも、明らかに自分がしている仕事に情熱がなく、それに合っていない人が何人かいました。彼らは付き合いで参加しているようなものでしたから、私は彼らの立場で考えてみて、情熱を燃やせる何かを探すように励ましたのです。それがここにはないことに気づかせて、自分で退職するか解雇されるかを決めさせるようにしました」。このアプローチは双方にとって利益がある。それは、

何が悪いかより、何が正しいかを取り上げるからだ。彼らの実績あるいは欠けている点を話すのは最もわかりやすいが、少し掘り下げた話をしてみることが、リーダーとチームメンバー双方にとって良い機会になるだろう。

　人を解雇するのは本人の業績の問題だとは限らない。会社またはチームが悪戦苦闘して財政的な圧力下にあると、レイオフ（一時解雇）が必要となる。優れた人をレイオフすることは、リーダーの職務のなかでも最もつらいことの1つである。ここで得られる教訓は、高い生産性へのニーズと組織がまかなえる費用をバランスさせるチームを作ることだ。チームメンバーを増やしすぎると、仕事のパイプラインが干上がったときにレイオフの発生を余儀なくされる。XPLANEのデイヴ・グレイが言うように、人材の雇用は絶対に必要なときに限って行うべきである。「人を雇って、それから解雇しなければならないのは、非常につらいことです。自分の会社でレイオフをしたことがあると、成長と雇用の面で非常に保守的になります。あの日の朝、私は出勤して全従業員の約半分をレイオフしなければなりませんでしたが、レイオフされる予定の1人が私に、ちょうど家を買ったところだと言ったのです。ドアから入るなり"私は家を買ったのですよ！"といった調子で、私は"ええっ"という感じでした。こんな気持ちは感じないほうがいいのです。人にそういうことをすべきではありません。というわけで、私の考えと教訓は、雇用はゆっくりやれということです」。

　この苦しんで学んだ教訓は実を結び、XPLANEはその後すばらしいポリシーを策定した。それは、成長を支えながらも、避けられない変動が起きた際に事業をストレスにさらさないポリシーである。グレイはこう説明する。「XPLANEには、仕事の約20〜30％を請負業者かフリーランサーに発注するというポリシーがあります。それは、私たちのビジネスにはそういった変動性があるからです。人を雇っては解雇するシーソーのようなことをしたくありません。フルタイムとパートタイムやフリーランスの人たちの仕事のあいだに、常に一定のバランスを保ちたいのです。そうすることで、もっと一貫性のある、ゆっくりでも着実な成

長を実現することができます」。

　この雇用戦略はインタビューした何社かの企業で採用されていたが、こうしたアプローチは法律的に困った状況をもたらす可能性があり、注意が必要だ。注意すべきは、多くの州法や連邦法で、その仕事がその企業のコアサービスとされる場合には、企業がフリーランサーを継続的に雇用することを禁止している点である。たとえば、あなたのビジネスがウェブデザインサービスを提供する場合には、フリーランスのウェブデザイナーを延長して雇用することはできない。自社のフリーランサーが法律に抵触するかどうかはどうすればわかるだろうか？　黄金律は、ダック・テストである〔ダック・テストとは米国や英国でよく見られるアナロジーの１つで、帰納法の一種。「ある鳥が鴨のように見え、鴨のように泳ぎ、鴨のように鳴くなら、それは多分鴨である」と表現される〕。

アプレンティスシップ

　西欧では、アプレンティスシップ・プログラムははるか昔から存在しており、ほとんどすべての産業の骨組みに組み込まれている。アプレンティスシップのモデルは北米の労働文化のなかでは目新しいものだが、デザイン分野には定着しつつある。何社かのデザインリーダーは、組織に最高の人材を獲得するための価値ある方法としてアプレンティスシップを挙げた。気をつけなければいけないのは、アプレンティスシップはインターンシップではないということだ。ほとんどのアプレンティスシップの目標は、組織から特化した体験型デザイン教育を受けて、最終的にフルタイムのデザイナーやデベロッパー、あるいはストラテジストに昇格することである。採用が正しく行われていれば、アプレンティスシップのポジションに就いているのは、正規教育をすでに終え、業界で多少の経験を積んだ人材だ。大半のアプレンティスは、通常インターンや試用契約で埋められるエントリーレベル・ポジション以上の役割を求めている。ポジションは限られていて、プログラムへの参加資格の基準は高

いのがふつうであるため、このプログラムに参加する人はきわめて少数である。

　アプレンティスの人数の少なさは、卒業生の質の高さで埋め合わされる。履歴書をかさ上げしたり、単に自分のキャリアの選択肢を探したりするだけのインターンシップとは異なり、デザイン・アプレンティスはデザインの仕事にすでにコミットした人のためにある。インターンシップは無給で、在学中のパートタイム従業員が対象であるのに対して、アプレンティスシップは通常、大学卒業生のためのフルタイムで有給のポジションである。私たちがインタビューしたアプレンティスシップを運用している会社は、きわめて限定的なフルタイムの役割を用意している。プログラムが会社に大きなインパクトを与えるように、アプレンティスはハイレベルのチームメンバーと席を並べて、実際のクライアントの仕事に携わるのだ。

　デザインリーダーの多くはまた、アプレンティスシップがスカウト業者を使うことより賢明な代替手法であると見なしている。人材獲得をアウトソーシングすることは、費用がかかるだけでなくリスキーでもある。平均すると、スカウト業者は採用した従業員の初年度給与の20％を請求する。残念ながらこれは、この方法による採用で最もコストのかかる点ではない。本当のコストは、採用が技術的あるいは文化的に企業に適合しないときに明らかとなる。適合性が低いと、再トレーニングやチーム内でのもめ事など長期的な問題を引き起こす可能性があり、最悪の場合、被雇用者を解雇し、雇用プロセスを最初からやり直す必要が生まれるかもしれない。履歴書と面接だけで採用するのは、実のところ賭けをしているようなものだ。

　新たなメンバーと従来のチームメンバーとの相性の悪さは、プロジェクトが問題にぶつかる理由として最もよく挙げられることの1つだ。アプレンティスシップは、リーダーが候補者を知りチームに溶け込ませる期間を数週間から数カ月間与えることによって、リスクを低下させる。さらに、候補者はクライアントと直接対応するチームに加えられることが多いため、彼らが困難な状況に対処するソフトスキルを、リーダーは

深く洞察することができる。それらがアプレンティスシップを運営する理由として十分ではないとしても、話を交わしたデザインリーダーたちはさらに、アプレンティスシップをプロフィットセンター（利益を生む部門）と見なしている。インターンとは違って、アプレンティスはほとんどいつもクライアントプロジェクトの仕事をするため、クライアントへの費用請求が可能なのだ。

　それでは、これらのプログラムがどのように機能して成果を達成するか、詳細を見てみよう。Fresh Tilled Soilでは過去３年にわたってアプレンティスシップを運営し、成果を上げてきた。プログラムはAUX（Apprentice in User Experience）と名づけられており、次のように運営される。

- １年に３つのセメスター（学期）を開催する。
- １年に３回、自社のチャネルを通して、セッションへの応募受付のアナウンスを行い、約25〜35名の応募を受け付ける。
- 応募者は一連の電話インタビュー、身元照会、ポートフォリオ・レビューを体験する。
- 当初のグループから約10〜12名が選抜され、２週間の「デザインシンキング」ブートキャンプに参加する。
- ブートキャンプは２週連続で土曜日に開催される（各回とも４〜５時間継続）。
- ブートキャンプの参加者はいくつかの課題に取り組み、最高成績を収めた候補者はフルタイムプログラム参加者に選ばれる。
- ブートキャンプで選ばれる候補者は４〜５名に限られる。
- プログラムは16週間の有給フルタイム雇用である。
- AUXの時間はトレーニング50％とクライアントワーク50％に分かれる。
- 第15週の終わりにAUXの最優秀卒業生を選定し、フルタイムの仕事を提案する。平均的に２名が提案を受ける。
- 会社からフルタイムのポジションの提案を受けなかった卒業生には、デザイナーを求めている他の会社が紹介される。

費用計算：

・選定プロセスには、上級者による管理のために約15〜20時間を必要とする。それはプログラムマネージャーの支払い請求可能時間の観点で、約3750〜5000ドルに相当する。

・さらに、トレーニングとメンタリングに週約5時間が必要とされる。この作業負荷は、デザイナー、デベロッパー、ストラテジスト、プロジェクトマネージャーによる30人のチーム全体で分担される。

・これらの間接コストを合わせると、各集団の管理には約1万8000ドルの費用がかかる。

・3つのセメスターで、年間費用は約5万4000ドルとなる。

・アプレンティスには500ドル／週が支払われ、16週でアプレンティス1名当たり8000ドルとなる。年間では約9万6000ドルに相当。

・全体では、1年に15万ドルを費やして12名の訓練の行き届いたデザイナーとデベロッパーを得ている。

・1年間のトータルの時間に対し、わが社は約30〜35万ドルを請求。

・リクルート業者への支払い：0ドル

・純利益：1年当たり15〜20万ドル

メリット：

・どの候補者に時間とお金を投資するかをコントロールできる。

・自社のクライアントの仕事に最も適した候補者を訓練することができる。

・彼らがチームやクライアントの状況に対処する際のソフトスキル（コミュニケーション、プレゼンテーション、問題解決など）を観察できる。

・文化的適性や性格の不一致をモニターできる。

・儲かる！

・Fresh Tilled Soilでフルタイムの職を得られない卒業生は、わが社のクライアントやパートナー、友人に紹介される。現在、35名以上の卒業生が米国各地で働いている。これらのうちの数件で、紹介された仕事への採用につながった。

2 ｜ 人材　　63

アプレンティスプログラムにはいくつか欠点もある。このプログラムには年間を通して上級レベルのチームメンバーによる監督が必要である。サポートを上級レベルのチームに頼めないデザインリーダーは、この活動のための時間を探すのに苦労するかもしれない。アプレンティスシップはまた、上級レベルの社員や経営幹部のリクルートには理想的とはいえない。しかしこの点について、デザインリーダーたちは必ずしも問題とは感じていない。というのは、実際そういったハイレベルのポジションは、内部昇格か彼ら自身のネットワークからもたらされるからである。

北米におけるアプレンティスプログラムの詳細については、http://apprentice.at/を参照してほしい。

| おわりに

私たちがインタビューした会社で、新たな人材を見つけるために外部リクルート業者を利用している企業はほとんどなかった。これは、リクルート業者からわが社に送られてくる膨大な量の電話やEメールのことを考えると驚くべきことである。しかし、私たちがインタビューを行った会社の大半は、地域で確固とした評価を得て、対抗馬がないので人材を惹きつけているか、若手社員育成のための社内プログラムを持っていて、そのどちらかの方法で、本章で議論した人材パイプラインを意識的に育成している。わが社も含めて大半のデザイン会社が、人材開発を行いながら、外部リクルート業者にまったく依存したことがないのだ。この事実は、外部リクルート業者の力を借りなくてもチームの育成が可能であることを示している。ただし、インタビューした規模の大きい会社には、隙間を埋めるための内部リクルーターか人材管理者を活用しているところもあることに留意が必要である。

ジェニファー・デイリーは、人材を維持するために記憶しておくべき重要な質問を残してくれた。「企業は人材の雇用に大金を使っています。人材募集に始まって、インタビューの時間、そして紹介料に至るまで、実に多額になります。率直に言って、人材雇用はうんざりするうえに解

決に費用のかかる課題です。私がもっと興味を持っているのは、人材の維持とこの分野で立てるべき戦略です。なぜ優秀な人が辞めるのでしょうか？　彼らを引きとめるために自部門の文化はどう進化すべきでしょうか？　キャリアパスにどう取り組んでいますか（あるいは、なぜ取り組んでいないのでしょうか）？　どんな人材維持戦略を取るにせよ、こうした重要な質問に答える必要があります」。

　企業文化に関する章には、これらの質問に対する手がかりが示されている。

2　｜　人材　　65

この章のポイント

→ 人材パイプラインはまさしくセールスパイプライン。絶えず投資が必要である。

→ 自分より賢い人を雇用しよう。

→ 可能な限り優れたソフトスキルの人を採用し、ハードスキルを訓練しよう。

→ ダイバーシティはチームの知恵と創造性を拡大する。

→ 指導可能な人は知識の豊富な人より好ましいことが多い。

→ 若手や経験の少ない人の雇用は費用節約になるとは限らない。

→ 生産能力一杯の仕事がずっと続くときに雇用し、その前には雇用しない。

→ ビジネスサイクルのアップダウンの緩和にフリーランサーの利用を検討しよう。

→ アプレンティスシップはきわめて有益で、費用のかかるリクルートモデルの代わりとなる。

→ アプレンティスプログラムは、重要な人材パイプラインおよびプロフィットセンターになり得る。

3 | オフィススペースと リモートワーク

はじめに

　日々の仕事に対する気持ちに、物理的スペースや同僚が深く関わっているのは間違いない。この章では、さまざまな職場の環境と構造に関するデザインリーダーたちのアイデアや取り組みについて語る。照明の質からチーム編成や通勤距離まで、リーダーは仕事と遊びのスペースに多くの時間とお金を投資している。私たちが気づいたのは、実に多様なオフィススペース、ポリシー、構造があり、それによってチームの連帯、生産性、幸福が維持されていることだった。明らかに万能のアプローチはないが、あなたのチームと文化に合うスペースを見いだせば、生産性を改善できる可能性がある。

　テクノロジーがもたらす明らかな強みとして、リモートワーク活用の気運が挙げられる。最近メディアで取り沙汰されているのが、チームはオフィスで働くべきか、在宅勤務を許すべきかという問題だ。オフィススペースについても、オフィスのフロアプランがオープンであるべきか

クローズドであるべきかについて意見が分かれている。その中間にあるのが、オフィスに勤務しながらも頻繁な通勤を省略して在宅勤務を行うチームだ。幅広いアプローチが存在しており、1つのシステムが最も効果的だと言うことはできない。しかし、連帯感が強く生産的なチームは、組織を成り行きに任せたりしないことがわかった。最も成功を収めたデザイン＆デベロップメントチームは、オフィス勤務とリモートワーク双方の働き方に関して明確な方針を持っていた。全員が充実感を持ち続けるためのテクノロジーやツールにも支えられ、最高の結果がもたらされるのだ。デザインリーダーの75％は、創造力を高めるのに物理的スペースがきわめて重要であることを示唆している。

オフィススペースはリーダーの自分自身に対する認識を示し、彼らが自分の役割をどう定義しているかに対応している。会社が成長していると、リーダーも成長する。会社の物理的スペースへのニーズの変化によって、個人的な成長がもたらされることが多い。チームが成長し、リーダーの役割が変化すると、デザインリーダーのアプローチとその周囲の物理的スペースとの関連性が見られるようになる。FastspotのCEOを務めるトレーシー・ハルヴォルセンは、この初期段階から安定した会社への移行について説明する。「2、3人でリビングにいるだけでは、リーダーだという自覚はありません。周囲の誰もが、家賃を払って仕事を見つけて物事を前進させようとパニックっていて、あなたは第一線で活躍し、自分しか目に入らないのです」。会社がある程度の規模になり、仕事が安定し、日常的なパニックに代わって戦略的な目標が生まれると、物理的なスペースに成熟度を反映させる必要が生じる。

場所を選ぶ

どこに旗を立てて拠点とするかは、文化から人材募集まで、あらゆることに影響を及ぼす。都市の選択から建物の内装まで、すべてが問題なのだ。クライアントやチームメンバーと頻繁に会う必要のあるチー

ムにとって、クライアントと人材プールへのアクセスが優先事項となるだろう。直接会って協力し合ったりホワイトボードの前で話し合ったりする必要のないリモートチームにとっては、物理的スペースは自宅やコーヒーショップに限られる。だがこれは、遠く離れたスペースが組織文化の対象外だという意味ではない。こうした遠隔地をどう組織化するかについての提案が、日々のプロジェクトの成功を左右することがある。高速通信を確保し、雑音を最小限に抑えるようにできれば、リモートワーカーとオフィス勤務のチームメートの双方が助かるだろう。

　本書のハイライトの１つは、インタビューのために北米中を旅行し、多種多様なオフィスを訪ねたことである。私たちは、ボストンを起点にほぼ20カ所の都市を訪問し、デザインリーダーたちに直接面会した。彼らがどんな場所で働き、その仕事上の交流がどのようなものかをじかに見たかったのだ。これによって、会社が本当に公の評判に背かない活動をしているのかを間近で観察できた。訪問した場所に関わりなく、明らかに従業員を収容する以上の役割を果たす美しいオフィススペースと出会った。大都市の高層ビル内のオフィスもあれば、個性豊かな郊外を選んだオフィスもあった。ほとんどの場合、その場所を選んだのは偶然ではなかった。通勤の便、安い家賃、景観など、理由は何であれ、場所は会社の全体目標の重要な要素なのだ。

　私たちは、The GrommetのCEO ジュール・ピエリに、物理的スペースがビジネスの成功に果たす役割、そしてチームとクライアントにとっての意義について尋ねた。「１年半前にここに移転した後、クライアントが初めて足を踏み入れてこう言いました。"おぉ、3Dバージョンだ"と。つまり、わが社についてネットを通じて認知していたブランドが彼らに実感されたわけです〔The Grommetは、古い物の再利用品やメイカームーブメントによるユニークな製品を扱うeコマースで、その新オフィスは同社の商品コンセプトを象徴するスペースとなっている〕。それこそが目標でした。私は、個人的にかなり入れ込んでこのスペースを選びました。ここにはたくさんの文化遺物、古き時代の製品がありますが、私はすべての品を自分で選びました。だからそれを見ると、私たちが何者なのかすぐ

3 ｜ オフィススペースとリモートワーク

にわかるんです」。ピエリの話から、リーダーが物理的スペースの細部を管理することによって、どのように文化を構築できるかがよくわかる。これについては第1章で詳しく論じたが、もう一度指摘する価値がある。物理的なスペースは、単なるビジネスとチームのための容器ではなく、ブランドを入れる容器なのだ。

「私たちは、ポートランドのセントラル・イーストサイドと呼ばれる地域のこの付近に引っ越しました」。Uncorked StudiosのCEOで創業者のマルセリーノ・アルヴァレスは言う。「インダストリアルな雰囲気の地域です。むき出しの倉庫のような感じがするんです」。オフィススペースは古いビルの3階にあり、以前は倉庫だったかのように見える。Uncorkedを訪問した日、そのビルの1階にあるトレンディなレストランのそばを通ると、ディナータイムの準備中だった。そして通りの向こうを見ると、コワーキングスペースにぴったりのコーヒーショップは近隣の人々で賑わっていた。「3年前にここに移転したときは、今の4分の1くらいのスペースしかありませんでしたが、数回拡張しました。このビルには実にすばらしくユニークな点がいくつかあるのです。その1つは、この近辺の個性です。通りを進むとビールの醸造所、通りの向かいにはサンドイッチの店、階下には素敵なレストランがあり、電車も走っていて、当然、このインタビュー中も運行しています。それがポートランドの特徴の1つでもあるんです。上品すぎるわけでも下品でもなく、正真正銘の本物です」。こうして並べ立てたことは、Uncorkedのオフィススペースの内装、マルセリーノが社員の姿を映し出しているというスペースの特徴にしっかり反映されていた。「オフィスを見回すと、いろんな要素が混ざり合っています。素敵なデザインの家具には社員の1人が手作りしたものが加えられています。私たちはこんな風にミックスすること、地元のものに盛り込むことが好きなんです」。

Uncorkedの物理的スペースのこうした特徴は魅力に満ちている。それは、そこで働く人々を具体的な形で表しているのだ。私たちはこれが会社の文化に影響を与えているのだろうかと思ったが、マルセリーノによるといろいろなレベルで影響しているということだった。社員は実際

に役に立つやり方で（家具を作ることで）ワークスペースに貢献するだけでなく、この行動が会社の中核にあるオーセンティシティ〔自分たちらしく、本物であること〕の原則の表明になっている。

「わが社にはスタジオの社員でもあるエンジニアがいます。彼らは自分の手で物を作るのが好きなんです。ビジュアルデザインの観点からすると、手作りするのは私たちの仕事が本物であると示さなければならないということです。あまりに洗練されたデザインで、私たちが作り上げているものの本質を損なわないようにするのです。組織文化的には、私たちが行っている仕事の役割を見失わないようにしよう、という意味です。デザインのためのデザイン、あるいはテクノロジーのためのテクノロジーは良くない。仕事の背後には目的があることをはっきりさせましょう」。

スペースがブランドの個性を高める

私たちがリーダーへのインタビューで得た最も重要な洞察は、おそらくこうした物理的構造が会社のビジョンをしっかりと支えているということである。リーダーたちは、慎重に考えられた物理的スペースは彼らのリーダーシップスタイル、企業文化、進行中のチーム力学の延長であり、したがって、オフィスのデザインや装飾を成り行き任せにすべきではないと感じていた。内装とレイアウトに関する選択は、チームの価値観を反映していなければならない。たとえばFresh Tilled Soilでは、チームの価値観の1つは「物事をシンプルに保つ」ということだ。このアイデアが、家具、内装、デスクの配置の方針となっている。オフィスのかなりの部分はオープンプランの座席配置で、シンプリシティの原則を反映してデスクはきれいに整頓されている。これは顧客体験にも及び、クライアントがFresh Tilled Soilのオフィスを訪れると、カスタムデザインのiPadアプリが出迎え、その画面にタッチするだけで面会予定の相手に知らせてくれる。こうした小さな配慮で、入り口に受付係がいないために来客が感じるかもしれない不安を軽減できる。

インタビューで明らかになったのは、クリエイティブな集団にとって

3 ｜ オフィススペースとリモートワーク　　71

オフィススペースの重要性は軽視できないということである。新興企業や小さなグループでは、オフィススペースのニーズを満たすのは無理かもしれない。大都市では家賃が高いため、オフィススペースには給与に次ぐ多額の費用がかかる。会社が成長すると、オフィススペースを維持する手段ができ、ひとつ屋根の下で働く人々も増える。「考えてみると、10年前にはオフィススペースはそれほど重要ではないと言ったでしょう。でも今は実際に、それが非常に重要だと考えるようになっています」と話すのはMechanicaのリビー・デラナだ。彼女の30人のチームは、マサチューセッツ州の海辺の小さな町にある美しいビルで働いている。「というのは、クリエイティブなプロセスでは何か魔法のようなことが自然発生的に起きて、それはあるテーマについてみなが電話会議で話し合う時間には起きないからです。室内に一緒にいると、何かいいことが起こるんです」。人間は社会的な動物であり、オフィスで起きる社会的交流は軽視できない。遠く離れていてもこうした関係性を築くことができるが、チームメンバーのうち数人がリモート勤務ならそれが難しいことも再三目にしてきた。「わが社には大きなテーブルがあり、私はそれをダイニングテーブルと呼んでいます。そこら中にハーシーズ・キスのチョコレートが散らばっていて、誰もがクライアントについて何げなく話したり、"みんな、これ見た？ あの新しいVRを見た？"と話したりするのです。こんな雑談やアイデアの交流があって、それは自然発生的に起きることなのです。ですから、私は進化したんだと思います。以前はそんなことはあまり重要ではないと思っていましたが、今は実際に、個人的に、本当にここに一緒にいる時間を大事にしているのです」。

　ここで強調しておきたいのは、物理的スペースは、チームが社会的、文化的に結びつくきっかけを与えるということだ。それはリモートチームを持ってはいけないという意味ではなく、逆に、本章の後半で述べるように、非常に業績良好なリモートチームメンバーのいる何十ものデザイン会社が存在する。しかしこれらのリモートチームでさえ、お互いをよく知るためにときどき集まるのだ。そうした集まりが常設のオフィススペースで開かれるか便利な中間地点で開かれるかは、その会社による。

会社が専用のオフィススペースを持っていても、チームメンバー全員を中間地点でのグループミーティングに集合させることを選択するかもしれない。Vigetは毎年恒例の合宿のために、3カ所のオフィスの人々を招集している。VigetのCEOを務めるブライアン・ウィリアムズは、文化的な観点から見て、これが社内行事で最も大切なイベントの1つだと言う。少数のリモートチームメンバーがいるFresh Tilled Soilは、彼らが重要なミーティングや会社の懇親会に飛行機で来るように設定することが多い。最近行ったチーム調査では、これらのイベントは文化的絆と社員の士気向上にとって最も重要だと評価されている。

オフィススペースが伝えるメッセージ

オフィススペースでは、価値観、ビジョン、そしてミッションも把握できる。企業価値をワークスペースに結びつけることは、企業文化を伝えるための理想的な試みである。「物理的なスペースは、私たちが協力して創造性を発揮できる安全なスペースです」とFastspotのトレーシー・ハルヴォルセンは言う。「それはまた、私たちのブランド、すなわち私たちの考えと在り方を反映し、目に見え触れることのできるかたちで、わが社の物語を伝えます」。ボルティモアのダウンタウンに近いFastspotのオフィスは、同社のビジョンを彷彿とさせる。ウェブサイトでの説明によると、普段はデザイン批評をしているチーム、いびきをかいているブルドッグ、ゾンビがうろつく世の終わりの可能性について話し合う人々、HipChat〔グループチャットツール〕のなかを流れる多種多様なアニメーションGIFが見られる。「実際に、わが社のスペースと社内のはっきりとしたエネルギーについて、クライアントがよくコメントするのです。私たちは、このスペースをスタッフが快適に感じて誇りに思うものにしようと本当に頑張りました。ずっとそこに居て、人を招きたいと思うようなスペースにね」。あなたの会社に足を踏み入れる誰もが、あるいはその物理的スペースの写真を見る誰もが、あなたのビジネスと文化がどんなものであるかを即座に感じ取るのだ。

文化（とリーダー）と同様に、それぞれの会社は明確な個性を持ってい

3 ｜ オフィススペースとリモートワーク

る。従業員でもクライアントでも、スペース内にいる人々にその個性を伝える方法を見つけるのがリーダーの任務の1つである。私たちの着る服がセンスや個性を示しているように、オフィススペースのデザインは会社のセンスを表している。「私たちはこの何年かのあいだに、2、3度、オフィススペースを移転しましたが、いつもすぐに手狭になりました」とポートランドにあるInstrumentのパートナー兼ゼネラルマネージャー、ヴィンス・ラヴェッキアは語る。「2011年7月4日にビルが火災に遭った後、この建物が臨時のワークスペースになりました。そんなわけで、直ちにここに引っ越したのですが、このスペースを築くのは大変でした。今、私たちのいるティピーテント（テント小屋）は唯一のカンファレンスルームとして造られ、それ以来会社のシンボルになっています。私たちは火事の後でここに集まり、困難を乗り越えるしかなかったのですから。スペースは今では文化の一部になっています」。

　価値観がスペースに影響するにせよ、どの価値観が重要かをスペースが示すにせよ、その関連性は否定できない。「新しいビルははるかに洗練されているので面白いのです。まっさらで、より大きく、複数階あります」とラヴェッキアは入居中の広々とした自由なスペースを指さしながら言う。「私たちはいつもオープンなワークスペースにしていて、壁のない所で働いています。それが会社の価値観の1つで、正直さを育てると思います。隠れる場所はなく、みなが他の人のしていることを見られて、みなが今起きていることを耳にして話すことができます。騒がしくてプライバシーがないので、広々としたワークスペースにいらだつ人もいますが、それが生むエネルギーと仲間意識の点で、メリットがデメリットをはるかに上回ると考えています」。

まず私たちがスペースを形作り、そしてスペースが私たちを形作る

　私たちはインタビューのために北米を横断し、実に多彩なデザインセンスと仕事場のレイアウトを見ることができた。トロントで訪れたTeehan+Laxでは、いくつかのミーティングルームと役員室を除いて、レイアウトはほとんどオープンプランだった。メインミーティングルー

ムはスペースの真ん中にあり、ガラス張りになっていた。この「金魚鉢」風のデザインは単なるオフィスの建築上の特徴ではなく、彼らのデザインへのアプローチの象徴だった。「それは、私たちの在り方と仕事のやり方を物理的スペースで表現しているのです」とTeehan+Laxの創業者で当時のCEO、ジョン・ラックスは述べる。フォーマルなガラス張りミーティングルームとは別に、同社のスペースには気軽なミーティングエリアと言える空間があり、そこではソフトな座り心地の椅子とホワイトボードがポイントになっていた。私たちは、チームの人々がカウチに腰かけ、あるいはホワイトボードを囲んでプロジェクトについて話し合っているのを見かけた。こうしたタイプの話し合いは、Teehan+Laxのクリエイティブプロセスに欠かせないものだ。「リモートワークを推奨する人をあなどっているわけではありません」とラックスは言う。「個性によっては、とても意味があると思います。でも私たちは、オフィスに来てみなと一緒にいるのが楽しいのです。会話したり、ホワイトボードの前に立ってワイワイしたりするのが好きなんです。私たちの場合は、それがクリエイティブプロセスの一環として効果を発揮しています。そんなことを促すスペースが欲しかったのです」。

Zurbの創業者であるブライアン・ジミィェフスキによると、チームは物理的なスペースから、自分たちが何を行い何を創造しているのかを日常的に思い起こすのだという。「それがうれしいことの１つです。だって、スペースによって伝えられることは限られてますよね。私たちの目標は、少人数のチームで働いて休憩もできるクローズドスペースを備えた、オープンな環境を築くことでした。このやり方だとオープンフロアプランになり、思わぬ発見をすることもありますが、気が散ることもあります。だから、静かにしてほしいときやどこかに行きたいときに、そうできる場所があるわけです。さらにトレーニングのためのオープンフロアプランもあり、外部の人々がコミュニティに参加することもできます」。私たちが訪問したオフィスのレイアウトに一貫性がないとしても、協同作業するためのスペースと静かに集中できるスペースを築きたいという願いは確かに首尾一貫していた。

3 ｜ オフィススペースとリモートワーク

インテリアデザイナーとしてのデザインリーダー

すべてのインタビューから、物理的スペースが企業文化に影響しているのは明らかだった。リーダーとそのチームに対する物理的スペースの重要度を定量化するのは難しいが、私たちがインタビューしたデザインリーダー全員が、自らのオフィスのレイアウトと内装の選択に重要な役割を果たしていた。

Envy LabsのCEOでCode Schoolの元CEO（インタビュー直後にPluralSightが買収）であるジェイソン・ヴァンルーは、自社のスペースとその文化との関連性について説明する。「私たちにとって文化は非常に大切なものなので、文化を支えるという目的を持ってオフィスを構築しました。わが社には仕事以外の何でもできる共用エリアがあります。社員がそこに来てビールを飲んだり『大乱闘スマッシュブラザーズ』をしたりテレビを観たり、あるいはおしゃべりしたりぶらぶらしたりすることを望んでいます。それから専用のワークスペースがあり、そこもオープンでリラックスできるのですが、そこに入ると協力して働くことになっています。協力して仕事ができる構造になっていますが、共用エリアほどオープンな感じはしません。一日中この小さな箱から抜け出せない、なんて感じないような環境を築こうとしています」。

バンクーバーのマウントプレザント近辺にある歴史的建造物のなかで、私たちはMakeの創業者でCEOのサラ・テスラに会った。会社のある建物はもともと醸造所の倉庫で、今でも建物の外で醸造が行われている。裏の窓から、ビールを積んで近隣に配達するトラックが見える。「現在、この建物の周りでどんどん新しいマンション開発が進んでいますが、ここは元のファサードと構造を保存していて最高なんです。私たちは、3000平方フィート（約280平方メートル）あるオープンコンセプトの素敵な美しいスペースにいるわけです」。私たちはテスラに、そのスペースが日々の業務に役立っている点について尋ねた。「いい質問ですね。最近本で読んだのですが、天井が高いと、無限だという感じ、創造力に限界がないという感覚を育む能力が強くなるのです。その点で役に立って

いると思います」。確かにMakeのスタジオの天井は高く、明らかに開放的だった。「空気と自然光の入ってくるスペースにいると、その2つが脳と仕事に対する強い集中力に驚くような効果をもたらします。以前はほぼ700平方フィート（約65平方メートル）の非常に狭いスペースにいたので、息が詰まりそうでした」。

Smallboxはブランディング、ウェブサイトデザイン／開発、マーケティングを行う会社で、インディアナポリスを本拠としている。私たちは同社リーダーのジェブ・バナーにスペースのデザインについて尋ねた。「わが社には20人の社員がいて、町の北側の古い図書館に入居しています。アーリーモダンの美しいポスト・アールデコ様式のスペースで、たくさんの石灰岩とレンガが使われています。1950年代には防空施設として使われ、高い天井があって自然光を取り入れています。仕事をするのに最適なスペースです。わが社にとって物理的なスペースはますます重要になっています。前はかなり狭いスペースに居たものです。わが社の社名SmallBoxは起業した場所に由来するものではありませんが、私たちはちっぽけな箱の中で起業し、当時は3人でトランプ用テーブルを打ち合わせに使っていました。その後、そのフロアのオフィス全部を占有するようになったのですが、やがて手狭になり、1年ほど前にこの図書館を購入することができたのです」。

Funsizeのパートナー兼エクスペリエンスディレクターのアンソニー・アルメンダリスに会った私たちは、物理的なスペースが仕事にとってどの程度重要か尋ねた。「きわめて重要です。私は以前からずっと、周囲に誰もいない自宅でひとりで仕事をするのが好きなタイプでしたから、最初はそのことがわからなくて、ニューヨークで経営していた最初の会社ではすべてリモートワークでした。3年半のあいだリモートワークで働き、それに慣れきっていたのです。わが社が最初のオフィスを持つようになり、初めて2人のチームメンバーと一緒になると、彼らが私のスペース内にいるので何だかイライラしました。しばらくしてやっと、ビジネスにとってチームの他のメンバーとの物理的な接点がいかに大切かを実感できたのです」。

3 ｜ オフィススペースとリモートワーク

スペースを移し、文化を移す

　スペースが手狭になって新しいスペースに移転するのは、明らかにストレスになる。こうしたストレスのいくつかは、文化自体に関わるものだ。スペースと文化がどのように関連しているかに大きな関心が集まると、移転後に文化をどのように存続させるかということも検討の対象となる。異なるスペースにアップグレードする、また場合によってはダウングレードすれば、元の文化を部分的に置き去りにしてしまうことが多い。Fresh Tilled Soilでは、9年のあいだに5回移転し、移るたびに文化が変化した。コワーキングスペースからカスタムデザインのオフィスに移転したことで、初期の気骨ある文化はより洗練された文化に代わった。美しくデザインされたオフィススペースがあると、人材を集めるのは容易になるが、同時に初期段階の会社に見られるミッション重視の献身的姿勢が多少失われることにもなる。

　物理的な移転によって引き起こされる文化の変化については、他のデザインリーダーたちも同じ意見を述べている。「移転したとき、心配なことがいくつかありました」と語るのはGrommetのジュール・ピエリだ。「現在のオフィスは美しいスペースですが、この素敵な新しいスペースで初めて社員を採用したとき、不安を抱いていました。というのは、以前のオフィスで契約した社員は、すばらしいスペースに惹かれて入社したわけではなかったからです」。ピエリは私たちに、この新しいスペースに移転する前は3つの建物に分散していたのだと改めて教えてくれた。2軒のビクトリア朝様式の家とオフィスビルで、各建物は互いに徒歩圏内にあった。「何もクールなことはなかったのですが、社員はスペースよりミッションに夢中になっていました。美しいスペースに人を入れるとなると、ミッションへの意欲の強さを吟味するのは難しいだろうと心配したのです。いや、あの古いオフィスに何度も来る気があったのなら、やる気は本物だったわけですから」。

レイアウトとインテリアデザイン

　1つの建物にいろいろな用途に使われるレイアウトを作るという課題は、私たちが訪ねたトップデザイン会社に共通のテーマだった。「ご存知のとおり、私たちはオープンなコラボレーションと同時に、楽しむことを求めていました」とEnvy Labsのジェイソン・ヴァンルーは言う。「楽しみと卓越性がわが社における2つの基本的価値です。そして、それらが私たちの行う日常業務と密接に関連しているように感じます」。会社の価値観を育てるようにスペースをエリアに分けることは、ただの建築上の選択ではなく、会社の行動の仕方を強化する選択なのだ。

　Vigetのブライアン・ウィリアムズは自社のオフィス家具を自分で制作したが、スペースの構造がどのようにチームの仕事上の関係を強化するのかを説明している。「ボールダーのオフィスはかなり狭いのですが、大きなオープンシーティング（自由席方式）エリア、それから一連のクローズドオフィスがあります。ダーラムも同様です。私たちはバージニア州に新しい本社を建設中で、オープンシーティングとオープンフロアプランのメリットを調和させようと懸命に頑張っていますが、仕事のできる小さなスポットもたくさん作っています。私はそれに敏感なんです。私たちが本当に作りたいと思っているのは、自分用のデスクがあるが、いつでも座り込める場所 —— ブースでもキッチンでも電話室でも —— を見つけられるスペースなのです。それは、隅に卓球台やソファが置いてあり、どこにでも座りたいところに座れる大きな会議室かもしれません。クローズドオフィスでもオープンシートでも、みなに1つのシステムを押しつけようとするのではなく、柔軟性を持つことがカギとなるのです」。インタビューでスペースデザインについて話し合っているときによく耳にしたのが、柔軟性という特性だった。オープンスペースはファッショナブルかもしれないが、悪影響を及ぼすこともある。公的な会話も私的な会話もできるスペースを築くことが肝心である。

　Think BrownstoneのCEOで共同創業者のカール・ホワイトによると、

彼らは創業当初、いつも自分たちがブラウンストーン（褐色砂岩）のなかにいるとイメージしていたという。「私たちは、自分たちもクライアントも毎日そこにいたいと思うスペースが欲しかったのです。みなが立ち去りたくないと思うスペース、今までとは違う美しいスペースです」。ブースを多用する一般的なオフィスレイアウトではなく、何よりも居心地の良いスペースを思い描いていたのだ。「まずは気楽な気分でのんびり構えて問題に取り組む。それがとても大切だと思います。その姿勢が私たちの本質になったのです」。Think Brownstoneの現在のスペースには大理石の床と型押し加工の天井があり、かつては歴史ある壮麗な銀行であったかのように見える。高い天井と大きな窓のあるオフィスには陽光がふりそそいで豪華な趣を添え、内装のあらゆる部分が念入りにデザインされている。「このスペースは以前のスペースよりはるかに豪華で、そうあるべきでした。わが社が成熟して規模が大きくなると、クライアントは豪華さを期待しますし、そのことが効果を発揮します。クライアントは私たちとのミーティングなどなくても会議室を予約したがるのです。不思議なことに、クライアントはわが社のスペースにいたがり、ここのビールとコーヒーを飲むわけです。私たちはそのことが気に入ってるんです。そうなるように計画したわけです」。

　私たちはインタビューで、スペースが働き方と文化の組織化にどのくらい影響しているのかをデザインリーダーたちに聞くことができた。彼らは一様に、オフィススペースのデザインと文化の重要性を強調した。いつもお互いに顔を合わせてクライアントと接しているチームにとって、物理的スペースは文化以上のものを伝える。それはブランドを反映し、チームメンバーのワークスタイルを示すのだ。しかし、分散しているチーム、あるいはリモートワークのメンバーもいるチームについてはどうだろうか。

リモートチームをリードする

　物理的なスペースが労働環境のそれほど重要な要素だとすると、リモートワーカーや分散型チームはどうなるのか。どうすればうまくいく

のだろうか。私たちは、リモートチーム、オフィスワーク中心のチーム、あるいは両方のチームを抱えるデザインリーダー数名にその質問を投げかけた。

オフィスワークの対極にある働き方をしているのがnGen Worksのチームで、同社には核となる物理的なオフィスがない。全員がホームオフィスを持っていたが、チームにとって物理的な共有スペースの優先順位は低かった。フロリダ州ジャクソンビルを拠点とする創業者で会長のカール・スミスは、10年以上前からこの分散チームを運営している。インタビュー当時、nGenのチームは3カ国にまたがり、5つの時間帯に分布していた。スミスは、このアプローチがうまくいっているのはnGenの組織の自律性が高いためだと感じている。日次管理についてもスミスが直接チームを管理せず、チームが互いに管理し合い、少なくとも導き合っている。スミスは、いかにしてチームをマイクロマネジメントせずにリモートで管理しているかを説明する。「月に2時間程度でしょうね。新しい仕事の会議があったら参加しますが、それは20分でしょうか。私はわが社の歴史がわかっているので、今はアドバイザーと呼ばれています。チームは新しいヘルスケア商品を開発する予定ですが、私は"この病院と協力して、この製薬会社と連携したよ"とアドバイスできるでしょう。彼らが気づかないようなやり方ができるように、経験によって手助けできるのです」。

リモートワークには、リーダーにとって明白な課題がある。だが、強い仕事文化には驚くべきことをやってのける効果があり、リモートワーカー全員が太鼓の音に合わせて船を漕ぎ続けるのだ。本書に登場するいくつかの会社にはリモートチームがないが、複数のオフィスがある。こうした会社の1つがVigetで、3つの州にまたがる3カ所のオフィスを運営している。本社はワシントンDC郊外にあり、それより少し小規模なオフィスがノースカロライナ州ダーラムとコロラド州ボールダーにある。「本社が会社のおよそ半分を占め、残りはダーラムとボールダーでほぼ等分され、それぞれ15〜16名います」とVigetのCEO、ブライアン・ウィリアムズは言う。「オペレーションのようなことは集中化しました

3 ｜ オフィススペースとリモートワーク 81

が、3カ所のオフィスすべてでビジネス開発が行われています。プロジェクトマネジメント、デザイン、開発の面で多少混ざり合っていて、全員が各オフィスに均等に分散しています。リーダーシップの観点から見ると、地域担当マネージャーは置いておらず、その役割を手助けするのは各オフィスのシニアの仕事になっています」。

　地域管理の必要がないことは、ウィリアムズのリーダーシップスタイルの結果のように思える。それは、大変な現場主義なのだ。私たちはこのインタビューやその他のウィリアムズとの面会で、彼がチームと過ごす時間の多さに感銘を受けた。会社の規模が拡大したにもかかわらず、彼はまだスタッフ全員と1対1の面談を行っている。「私はそれなりに出張するようにしています。たとえば、毎年夏はボールダーで1カ月間ほど過ごします。子どもたちに学校を休ませてしばらくボールダーに住み、そこのオフィスで仕事をします。また、ダーラムにもできる限り行くようにしています」。インタビューを行った会社に1カ所以上のオフィスがある場合、頻繁な出張がデザインリーダーの生活の一部になっていた。これが意図的なリーダーシップ戦略なのか、分散チームを抱えている結果なのかは判然としない。ビデオ会議ツールのことが話に出ても、自ら他のオフィスに足を運び、チームに直接会うことを選択するリーダーが何人かいた。「私たちは週に1回、みながきちんとした服を着てスタッフミーティングをします。そんなやり方で全員がつながりを保っているんです。3カ所の全オフィスのチームは、プロジェクトの重複部分が見受けられることが多く、各オフィスはそれほど孤立しているわけではありません」。

　複数のオフィスを抱えていることによるもうひとつの面白い副次効果は、リーダーが別の文化的アプローチを試すチャンスを手にすることである。「私たちは各オフィス独自の文化をちょっとばかり奨励していますので、それぞれの文化を試してみるチャンスだと考えるのです」とウィリアムズは言う。「そんな感じで、ボールダーでは15名の会社のように行動できます。それぐらいの小さなオフィスですからね。何かを試して、うまくいくかどうか見ることができます。うまくいけば、全社で採用

できるのです。マルチオフィスの組織では、それがメリットの1つになります」。

　Happy Cogの創業者で現会長のグレッグ・ホイは、複数のオフィスがある場合でも混成チームを作る重要性に焦点を当てる。「グレッグ・ストーレイと私が会社を統合するまで、彼は非常にバーチャルな会社を経営していました。会社の統合は私にとっては目新しいことで、そこら中にたくさんの小惑星が散らばっているより、2つの惑星が互いの周りをまわり合っているほうが管理しやすいのです」。インタビュー当時、Happy Cogには2つの本社がフィラデルフィアとオースティンにあり、ニューヨークとサンフランシスコには数人のリモートチームメンバーがいた。「社員のグループとつながりを持てるほうが管理しやすいと思います。私たちはビデオ会議システムを導入し、毎日それを使ってお互いにつながり合っています。私たちのプロジェクトチームは、フィラデルフィアとオースティンの社員の混成チームなので、1つの家族のようなものです。別々に仕事をしていた頃は縄張り問題にぶつかっていましたが、一緒にやるようになってからはもう起こりません。混成チームで仕事をすると、1人はみなのためにということで、予想よりずっとうまくいっています」。

中間にあるスペース

　専用のオフィススペースを持つ会社と、まったくオフィスのない会社の中間に位置するのが、物理的なオフィスを持ちながらリモートワーカーを抱える会社である。そうした会社の1つがCrowd Favoriteで、ニューヨーク、デンバー、ロサンゼルス、フェニックス、ラスベガスに米国事務所、ローマ、シドニー、ブカレストに海外事務所がある。Crowd Favoriteの創業者で訪問時にCEO退任が決まっていたアレックス・キングは、オフィスを持ちながらリモートワーカーを抱えるのは可能だと考えているが、「直接顔を合わせて働くとスキルの開発が容易になることが多い」と念を押した。「物理的スペースのほうがリモート環境よりもデベロッパーの成長を直接支えることができると思います。誰かが"ね

3　│　オフィススペースとリモートワーク　　**83**

え、このことで困ってるんだ"と言うと、2人が振り向いてデスクの辺りをうろつき、すぐに解決されることがあるんです。私が遠隔からコーディネートすべき人たちがいて、もっと意図的に手を差し伸べて、ビデオ会議をしたり話したりする必要があるのはわかってます。でも、オフィスに来ると、目の前の人やキッチンに行く途中で出会う人たち全員ともっと気楽につながっていると感じるのです」。

　私たちが訪問した会社の大半は、リモートワーカーがフリーランサーであったとしても、とにかくオフィスとリモートワーカーを組み合わせていた。スタッフとスキルに関して柔軟性を持つことで、デザイン業界で避けられない景気の波に対応できるが、この考え方を極端に推し進めるデザインリーダーが何人かいる。このようにかなりの柔軟性を認めるモデルの1つが、私たちが耳にした「ハリウッドモデル」というアイデアである。その名前が示すように、特定のプロジェクトのためにチームが結集し、プロジェクトが終了すると、それぞれ別の道を進むというものだ。SuperFriendlyのCEOを務めるダン・モールは、数年前からこのハリウッドモデルを用いている。彼の説明によると、以前のプロジェクトでフラストレーションを感じ、流動的なデザインチームを作ろうと思い立ったのだという。「何社かの大規模なエージェンシーで働き、大勢のすばらしい人たちと一緒に仕事をできて、本当にラッキーだったと思います。でも1つだけ残念だったのは、ときどき、必ずしもその仕事のエキスパートではない人たちと仕事をしていたことです。たとえば、子ども向けサイトの開発に取り組んでいて、子ども向けサイトの専門知識を持つ情報アーキテクチャのエキスパートと一緒に仕事をしたかったとします。しかし、スタッフにそんな人がいるとは限らないのです。それが、同じ場所を共用、あるいは終身雇用の従業員モデルの欠点だと思います」。この問題はモールの会社に限ったことではないが、多くのデザインリーダーは依然として、彼のようなアプローチを取っていない。

　モールはまた、流動性を維持できることが自社の戦略的な差別化要因になり得ることを自覚していた。「最高の人材グループを集めながら彼らを雇用しなくていい方法があるだろうか、とずっと考えていました。

そして、ハリウッドモデルを思いついたのです。これには監督が映画の
スタッフを配置するのと同じような効果があります。監督はいつも同じ
俳優を使うわけではなく、その役にぴったりの俳優を選びます。プロジェ
クトによってチームの規模は拡大・縮小します。1人か2人の小さなチー
ムでいいプロジェクトもあるでしょうし、16人もの大きなチームを必要
とするプロジェクトもあるでしょう。ただ、いちばん効果的なのは通常
4〜6人程度だとわかったのですが。一般的に、こうした中規模のプロ
ジェクトはウェブサイトのデザイン変更であり、映画と仕組みがよく似
ています。数人がこんなやり方で会社を経営していると聞いて、やって
みる価値があると思ったのです。今のところは順調ですよ」。

　明らかに、モールはチーム編成とスペースの必要性の限界を押し広げ
ている。モールのワークスペースについての説明を聞いて、ハリウッド
モデルと同様に映画スタジオにそっくりな気がした。「ブルックリンから
フィラデルフィアに戻ってくると、古い教会を改装して引っ越しました。
妻と子どもたちと私が上に住んで、地下には3万平方フィート（約2790
平方メートル）のスタジオがあり、私はそこで仕事をしています。今はア
プレンティスが3人いて、みながこのスタジオで働いています」。今日
の社会では、同じ屋根の下に職場も家庭もあるのは珍しいようだが、昔
からずっとそうだったわけではない。前の世代では、都市や町の店主は
店や作業場の上に住んでいたものだ。時代は変わったのかもしれないが、
リーダーの多くはいまだに徒歩圏内の通勤を好んでいるのだから、モー
ルが教会を改装したスペースを利用するのにも一理あるわけだ。

　本書のための調査中、このハリウッドモデルはさまざまな形で不意に
姿を現した。プロジェクトに最適の人材を集めることは、多くのデザイ
ン会社やグループにとって価値がある。「何十人もの人にぴったりで全
員を必要とするプロジェクトがやって来るまで、スタッフを待機させて
おく余裕はないのです」とeHouse Studiosのクリスティーヌ（クリス）・
クィンは語る。同社はサウスカロライナ州の魅力的な都市、チャールス
トンにある。「クライアントもそんなことは期待していません。彼らは、
私たちがプロジェクトのGC（ゼネラルコントラクター）になって、クリエ

3 ｜ オフィススペースとリモートワーク 85

イティブな仕事に戦略的な指示を与えることを望んでいるのですが、常に写真家や映像作家、コンテンツエディター、ライターのスタッフが必要だとは思っていないのです」。この方式には、その仕事に最適な人材を獲得する以外の効用もある。それは、小規模から中規模のエージェンシーには、クリエイティブな補助的人材のスタッフを大勢雇っておく財力がないからだ。しかし、それは何も目新しいことではない。大規模なエージェンシーは長年にわたって、スペシャリストのスキルが必要なプロジェクトのために外部の人材を招いてきた。デジタルプロダクトとリッチメディアとの統合が進むにつれて、コンテンツやデータの専門家がもっと頻繁に混成チームに加えられることが予想される。

　「基本的に、その中心にある考え方は、どんなクリエイティブ人材がいたとしてもあまり抱え込まない、ということです」とリビー・デラナは言う。彼女は、マサチューセッツ州ニューベリーポートの美しい海辺にあるMechanicaの共同創業者である。「つまり、個別のディレクターは要らないのです。Mechanicaの社内には撮影監督もフォトグラファーも音響係もいません。正直なところ、ブランドを築くにはこうした人々がすべて必要かもしれません。でも、いつでも適切なクリエイティブの人材やそのポートフォリオを手元に揃えておき、実際にどんな人々も惹きつけるプランをまとめることはできないと感じるようになったのです。クライアントによっては、求めているのはインテリアデザインかもしれません。彼らが新しいスペースに移ったとすると、ブランドの新たなポジショニングと宣伝が必要になります」。この問題を解決するために、デラナと彼女のチームは従来のエージェンシーモデルを解体したので、社内にはクリエイティブディレクター以外のクリエイティブの人材はいない。リーダーと戦略ディレクターたちは変わらないが、各クライアントには、提案解決法に沿って編成されたユニークなチームが割り振られる。「ですから、クライアントAには大型TVとラジオとポッドキャスト、それにたくさんの写真が要るでしょうが、クライアントBには主にウェブの人材が要るでしょう」とデラナは説明する。「私たちはそれを"果てしないクリエイティブの廊下"と呼んでいます。つまり、私がク

リエイティブディレクターとして、廊下を歩きながら左右をよく見て誰かの部屋に首を突っ込み、"ねえ、今日この仕事ができるかしら？"とか"あなたのスケジュールはどんな感じ？"とか聞く代わりに、外の世界に出て行って、そのクライアントのビジネスに関して世界最高の人材を集めるのです」。

おわりに

　ただ1つ確かなことがあるとすれば、それは「オフィスをどんな作りにすべきかという問いへの唯一の答えはない」ということだ。デザインリーダーは自らの個人的な好みを持っているが、彼らは口を揃えて、コラボレーションできる物理的スペースの存在が途方もない利益をもたらすことがあると言う。永続的なリモートチームでさえ、年に何回か集まって戦略とプロセスを話し合っている。こうした年に1回か2回の集まりは、デザインチームに社会的な交流が必要なことを再認識させる。在宅勤務の経済圏が広がりつつあるなかでも、人間は依然として互いを尊重し合う。チームの全員が1つのオフィスのなかにいようと世界中に拡散していようと、決め手は、チームの連携を強化するやり方によってつながり合うようにすることだ。定評のあるモデルを持つ会社でも、他の組織的モデルを検討すべきである。

　「このように私たちは、3つのオフィスに分散していますが、3カ所のオフィスはすべて現場オフィスです。つまり、在宅勤務やリモート勤務をしている従業員はいないのです」とDevbridgeのオーリマス・アドマヴィチュスは言う。同社には3カ所に約150人の従業員がいる。「私たちにとって、すべて現場オフィスであるのはとても大事なことで、私はこれについて記事も書いています。従業員はこれらの場所に集められ、能力別に編成されて教育を受け、話を聞いてもらえる現場マネージャーがいます。ですから、業務上の観点から —— 新人研修、新人採用その他もろもろです —— 現場にいることが非常に重要だと考えています。まあそうは言っても、仕事をするときには全オフィスの社員の混成チームを使っているのですけどね」。

この章のポイント

→ 物理的スペースには白か黒かの単純な解決法はない。それは灰色に近い不確かなものである。

→ 成功するオフィスのレイアウトは、オープンとクローズドをうまく組み合わせ、カジュアルなスペースとフォーマルなスペースを備えたものだ。

→ 会社の個性とブランドは、立地の選択、スペースのレイアウト、内装にはっきりと表れるべきである。

→ 新しい場所に移転する場合には、それが文化に及ぼす影響について考え、うまく機能している要素を維持しよう。

→ スタッフがデスク周辺で気楽におしゃべりするための椅子を置くなど、ちょっとした気配りをするだけで、チームメンバー間のコミュニケーションを増やすことができる。

→ ときどき、思い切ってオフィス内で社員をあちこち移動させよう。これによって、チームメンバーのあいだに新しいつながりができる。

→ リモートチームとの絆と連携を保つためには、頻繁な日常的コミュニケーションが必要である。

→ 自己管理に長けた人材を雇用すれば、リモートワークが容易になる。

4 | 個人的成長と
バランスの取れた生活

はじめに

　納期を守り、予算内で運営し、大勢の多様な人材を管理しなければ、プロジェクトを成功させることはできない。その実現に多くのことがかかっている。好業績のデザイン部門や100万ドル規模の企業にとって、こうしたプレッシャーは日常茶飯事である。際限なく押し寄せるかに見える納期、絶え間ない人材管理、不明瞭なテクノロジー分野での戦略的思考も守備範囲に入る。デザインリーダーがいかにしてバランスと集中力を保ちつつ、このような要求に応えるかを洞察したいという思いが、本書執筆の動機の1つである。私たちも他のCEOや創業者と同じく、バランスと個人的成長を促すための戦略や戦術について常に考えている。

　この章のテーマは、自己啓発書で取り上げるほうがふさわしいと思われるかもしれない。どういうわけか、リーダーの個人的成長と精神的健康がビジネスの成功につながっているのだ。私たちが面会したリーダー

全員が例外なく、個人的成長の継続とバランスの取れた生活が会社の成功とチームリーダーとしての成功に不可欠だと感じていた。私たちは、リーダーたちの習慣、ルーティン、儀式的な行動を探ることで、成功がもたらされた経緯を見抜くことができた。あなたはリーダーたちの見解、苦労の末に得た教訓、戦略を知ることによって、バランスの取れた生活に必要な注意点を学び、成功したデザインビジネスの情報を得られることを改めて実感するだろう。

正しくフォーカスする

「私はCEOですから、私の顧客は実は私のチームなのです。私は、ここで働く誰もが必ず目的を達成し、最高の自分になれるようにしています」。The Working Groupの共同創業者、ドミニク・ボルトルッシのこの発言は驚くほど洞察に満ちているが、あまりにシンプルで、それがデザインリーダーの行動に重大な影響を及ぼすことは伝わってこない。「その探求を通して、"顧客"とは私のクライアントではなく私のチームであることに気づきました。これはなかなか面白い転換でした。それまでずっと、顧客は私のクライアントで、彼らのためにソフトウェアを開発していると思っていたのですから」。ボルトルッシはその発見を振り返り、それ以来どのように組織のリード法を変えたかを思い返す。「小さな変化ではありません。この数年で私のリーダーシップ観が進化したのです。私は実力主義のリーダー、民主的なリーダー、他の人々の意見を聞いて彼らの進歩を望むリーダーであり、独裁的なリーダーではないことに気づきました。"自分ファースト"のリーダーでもトップダウンのリーダーでもありません」。

デザインリーダーにとって、自分の強みがどこにあるかを理解することが突破口となる。そして、こうした強みをチームのために役立てる方法を知ることが次の打開策となるのだ。「ビジネスの面でやるべきことは何でもやります。かぶるべき帽子はすべてかぶるということです」と

言うのは、コネティカット州ボールダーを拠点とする小規模なデベロップメントチーム、Haught Worksの創業者マーティ・ホートだ。「社員が9人になったある時点で、私のしているコーディングの仕事がかなり減って、管理の仕事が非常に増えていることを自覚しました。この道を進めば、つまりもっと大規模になれば、こうした管理の仕事をしてくれる人を雇う必要があるということです。しかし、そうしたくなかったのです。私が管理の仕事に100％専念しなくてもいい小さなチームにしたいと思いました」。ホートが話しているのは、リーダーが自分の限界をわきまえるべきことを悟る瞬間のことである。会社を成長させ、リーダーとしての別の役割を果たせるように、リーダー自身も成長することが成功に必要な条件だ。会社の規模は、リーダーが自分自身と会社の方向性を明確に自覚しているかどうかに比べればさほど問題ではない。個人的な成長は、会社やチームの規模ではなく、成熟度と関連しているようである。

　あなたがチームで居場所を見つけられるのは、チームが自分たちの取り組みにフォーカスしているときだけだ。あなたがデザイン会社としての自社の在り方について方針を立てれば、チームメンバーは自分たちにできる理想的な貢献をはっきり定められる。このフォーカスが明示されると、組織全体に少しずつ伝わり、デザインチームは新たなプロジェクトでどう行動すべきかを理解できる。「わが社で1つだけ大事にしていることは、まずノーと言うことです」とInstrumentのCOO、ヴィンス・ラヴェッキアは語る。「落とし穴は、クリエイティブエージェンシーがすべてにイエスと言って仕事を受け、受けてからどうしたらいいのか考えることです。私たちの場合、平凡なことや立派に見えるだけのことはしないとあらかじめ言って引き受けた仕事は、自分たちで責任を持って仕切ることができるのです」。この極度に集中的な思考は、成熟したリーダーとその組織に共通して見受けられた。単にフォーカスするだけでなく、目的を持ってフォーカスしよう。ただ、クライアントから求められたら、すべてにイエスと言いたくなることもあるだろう。特に起業したばかりのときには、そうする必要があるかもしれない。

4　｜　個人的成長とバランスの取れた生活　　91

「わが社は目の前にある楽な道を選んでしまいました」とHabanero Consultingのスティーヴン・フィッツジェラルドは思い起こす。「私たちはこんな考えにとらわれたのです。すばらしい活躍をしてくれるスタッフにフォーカスするより、クライアントの問題解決のために何かをするほうが大切だ、と。そんなことを繰り返して、教訓を学びました」。焦点を見失ったりうっかり道を決めたりしてしまい、苦労して教訓を学ぶのだが、それはリーダーが報告した最も価値ある教訓であることが多かった。「目的を持たずに生きていると、何もうまくいきません。それはわかりきったことですが、その目的に固執せよと言っているのではないのです。非常に難しく、全体的な課題です」。

フォーカスに関する苦い教訓は、成長するビジネスにおいて変化する要求につきもののように思える。ビジネスを長く続けているほど、焦点がぼやける頻度も増える。優秀なリーダーはこの焦点の拡散を認識し、フォーカスを強化することで対抗する。つまり、仕事の機会があっても無視したり、特定のプロジェクトを拒否したりすることがよくある。私の個人的な経験から言うと、仕事を辞退するのは実に難しいことだ。私はサイドプロジェクトや新しいサービス提案に多くの投資をしたが、それらは実を結ばなかった。カギとなるのは、最後まで焦点を保つための助っ人になる賢いアドバイザーとパートナーで周りを固めることだ。私は最近、気を散らさずに集中できるようしてくれるオペレーションの人材を雇った。これは非常に効果的だ。彼らが雑事を取り除いてくれなかったら、本書も以前の著書も執筆することはできなかっただろう。

パートナーとサポート

起業家で作家のジム・ローンはかつて、「あなたは親しく付き合っている5人の人間を平均したタイプになる」と述べた。これは、デザインリーダーにとっても多くの真理を含んでいるように思える。すばらしいチームメンバーに囲まれていると、高機能のデザインチームを運営する

ストレスへの対処がずいぶん楽になる。そしてもうひとつ、ここで強調しておきたいが、あなたをサポートするチームは、直接一緒に働く仕事仲間だけとは限らないのである。デザインリーダーたちはその話になると、いつも家族やクライアント、メンターについて語った。

「第一に私が仕事で優先させるのは、まあまあ我慢できることでなくて、楽しいことです」とVigetのブライアン・ウィリアムズは言う。「さらに、一緒に仕事をしたい人を雇うことです。それからクライアントはできるだけ慎重に選んで、情熱を持てる仕事に取り組めるようにしています」。Vigetなどの私たちが訪問した多くの会社では、最高のチームメンバー、そして理想的なクライアントを選ぶのに時間をかけることで作業が容易になっていた。第2章「人材」の内容と重なるだろうが、組織にふさわしい人材を持つ重要性を再確認しておきたい。デザインリーダーたちが仕事や家庭生活について語る話題の大半は、人という原点に立ち返るものだ。サポート、文化、インスピレーション、卓越性のすべては、デザインリーダーの活動範囲内にいる人と関連している。

どんな地位のリーダーでも、成功するには相当なサポートを得る必要がある。組織のサポートだけでなく、家族や友人のサポートが要る。あなたを本当に理解し、途方に暮れたときにもバランスを取れるように手助けしてくれる人たちが周囲にいるということだ。「ワークライフバランスは難しいことです」とUncorkedのマルセリーノ・アルヴァレスは言う。「妻は私たちの仕事のすばらしいサポーターだと思います。彼女は広告業界の人間で、私たちの業界のことがよくわかっているので本当に助かるんです」。彼は電話を指さして言った。「何度もひじで突かれて電話を切るように合図されますが、これはなかなかいいナッジです〔ナッジ（nudge）とは「ひじで軽くつつく」という意味。強制するのではなく、人々を自発的に望ましい方向に誘導する仕掛けや手法のこと。経済学者リチャード・セイラー博士の提唱した行動経済学の概念〕。バランスを取るのはむしろ内面的なことで、そのとき私は心のなかで何かを考え始めるのです。それは私の心の奥底で生まれるものです。私は今何か他のことに思いを巡らせていて、心ここにあらずの状態です。私は首を縦に振っていま

4 │ 個人的成長とバランスの取れた生活　　93

すが、本当は物事を何とかしようと思いあぐねているだけなのです。あなたを知らない人は、おそらく"ああ、何度もうなずいているね"と思うだけなので、変えるのは大変です。しかし、あなたのことをよく知っている人は"やめなよ。そのことを考えるのはやめたほうがいいよ。あの仕事の会議やあの話とか、あれこれ考えているのはわかってるけど"という感じでしょう。自分に正直になりましょう。1日在宅勤務にしたり、週末には仕事をやめたり、気持ちをリセットするのが本当に大事なことです」。

インスピレーションとサポートはどこから来るのか

「何度も実験して、試行錯誤しました」。サポートとインスピレーションを得るのにふさわしい場所を見つけることについて、サラ・テスラは語る。「私は幸運です。夫はバンクーバーにあるデジタルクリエイティブエージェンシーの創業者で、10年ほどやってきて、パートナーが2人います。ですから、彼は私にとって無限のリソースです。すごいのです」。家族と友人は明らかにデザインリーダーに転機をもたらすが、誰もがベテランの専門家と結婚するわけではない。次のテスラの発言は、成功したリーダーがどんな考え方をして際立った存在になるのかを示唆している。「正直言って、私は自分が知っていることと知らないことに関して、かなり低姿勢です」。この謙虚さと学習意欲がカギなのだ。常に学んでいるトップデザインリーダーは行き詰まることがない。パートナーや配偶者に頼っていても、チームメンバーを当てにしていても、彼らは一般の指導を受け入れる。「その意味で、私は大いにチームに頼っています。彼らの職分のエキスパートになって、私のすべきことを見つけられるようになりたいのです」とテスラは締めくくった。

インタビューしたリーダーの大多数は、毎日、オフィスでサポートを受けている。家族、友人、外部のアドバイザーは大切ではあるが、彼らはパートナーから最も親身なサポートを受けている。「ここにはたくさんのリーダーがいます」とThe Working Groupのドミニク・ボルトルッシは話す。「社内にはパートナーが3人いて、それぞれがそれぞれの分

野のすばらしいリーダーなのです」。パートナーたちがどのようにお互いを尊重しているのかを知るために、彼らの仕事についてボルトルッシに聞いてみた。「まずクリス・エベンがいます。業界でとても目立つ存在で、講演の仕事を山ほどこなし、事業開発で大活躍しています。というわけで、彼には明らかなリーダーシップがあり、人前に出て話して方向を指し示す伝統的な企業リーダーのタイプです。アンドレスもすばらしいリーダーです。私たちのプロジェクト運営のすべてをリードし、人と付き合うための驚くべき共感力と能力を持っています。彼は手本を示して、その驚異的なコミュニケーション能力によるリーダーシップを発揮します。ジャックはテクニカルディレクターで、彼の技術的リーダーシップは実例を使って実際にやって見せることです。彼は私の知っているなかでおそらく最も献身的な従業員です。腰を低くして、みなと一緒に問題を解決し、他の人々を問題解決システムに組み込むことが実に巧みです」。

　ボルトルッシのパートナーについての説明からわかるように、それぞれのリーダーシップの分野は著しく専門化している。パートナーは各自の強みを生かして、互いとビジネス全体を支えているのだ。有力メディアは一匹狼のリーダーに熱い視線を送るが、現実には、ほとんどのビジネスの成功に一種のパートナーシップが必要である。「幸運なことに、私たちは互いに補い合う強みを持ち、私の強みはオペレーションに偏っています」とPalantirの2人のCEOの1人、ティファニー・ファリスは言う。「私は財政面が得意で、帳簿を管理して、2人のなかで技術的なセンスのあるほうです。ですから、技術的な仕事には首を突っ込みます。ジョージはコミュニケーションだけでなく、会社のビジョンと戦略の面ですばらしい人で、ブランド力の強化とコミュニケーションを推進しています。つまり、はっきりと分担しているようなものです。おおむね、彼は財務以外の会社全般の仕事に取り組み、私はクライアント関係と財政の仕事をやっているのです」。

　さらに、オレゴン州ポートランドにある大手デザイン会社CloudFourにも同じようなパートナーシップがあり、創業時には4人のパートナー

4　個人的成長とバランスの取れた生活　　95

がいたが、今は3人になっている。「7年間、一緒に仕事をしてきました。リザとジョンはもっと長い間一緒に働いていたのです」とCEOで共同創業者のジェイソン・グリグスビーは話す。「それからジョンはわが社を辞めて、別のスタートアップを始めました。現在、リザとアイリーン、そして私が日常の仕事をしています」。グリグスビーは、会社の仕事だけがパートナーの生活ではないことを指摘する。「いやおうなしに、私生活で起こっていることが仕事の進捗に影響を与えるのです。調整の仕方を見つけることが、結局は大事なのです。これまでを振り返ると、調整ができていなかった時期もあって、その頃はひどい状態でした。しかし調整がうまくいっていると、毎日の小さなことがすべてスムーズに運びます」。

グリグスビーは苦笑いしながら警告する。「かなり長い間一緒に仕事をしてきた仲間がいても、大失敗することはあると思います」。立派なパートナーがあなたを支えていても、ビジネスで保証されていることは何もない。マーケットは変化し、流行は過ぎ去り、新たなテクノロジーが絶えず出現する。そうであるなら、他にどうすればデザインリーダーは失敗のリスクを減らし、良い結果を生み出せるのだろうか。

バランスをデザインする

望み通りの結果を出すには運任せにしてはならない。成功を収めるデザインリーダーは、クライアントのためのソリューション構築に慣れており、こうしたテクニックを自分の生活でも使っているようだ。彼らの多くは、日常生活で仕事と家庭生活をどう組み合わせるかについてデザイン思考のアプローチを取っている。毎日のルーティンを受け身ではなく意識的にデザインすることが、彼らに共通の取り組み方だった。その実現のために、ストレスでいっぱいの通勤を避けてオフィスの近くに住むというシンプルな選択をするリーダーもいる。だがほとんどの場合、会社のリーダーとして求められる仕事に対処しつつ、個人的に成長

できるルーティンを考案していた。

活躍するリーダーは、成長と調和もタイミングの産物だと認めている。時が経つにつれてビジネスのニーズは変化し、新たなスキルを習得する機会も変化する。状況が絶えず変わっているので、リーダーは適正なバランスを取ることを学び続けなければならない。自転車に乗るようなわけにはいかないのだ。5人だけの会社を経営していたときに功を奏したことは、50人の部下を擁する際に必要なこととは違う。

「これは、ものごとの陰陽の原型だと思います」。個人的な活動と職業上の活動のバランスを取ることについて、ブライアン・ジミィェフスキは語る。「予想外にたくさんの仕事が入って、それに対処しなければならない時期があります」。ジミィェフスキはシリコンバレーの最も困難だがやりがいのあったこの10年の間、Zurbを率いてきた。彼は人生に調和を見いだすことを海釣りにたとえる。「あなたは進路を取りたいが、波が荒れ狂っているのでしがみついているだけです。こんなときには釣りをしようとはしてはいけません。波が静まったら釣りに出かけるのです。けれども私たちは、成功するための状況や環境が実際になくても、モノを作りたくて我慢できなくなるので、バランスを学ぶのは難しいことです。とにかく、私がこの数年ほどで学んだ教訓は、"忍耐強くあれ"ということだと思います」。

「私はずっと従業員であることが好きで、すばらしい上司がいて本当に幸運でした。だから、バランスが取れていないなんて思いもしませんでした」。SuperFriendlyのダン・モールは、過去の経験のおかげで、自分のライフスタイルの必要性に合わせたデザイン会社を作ることができたと話す。「実のところ、子どもが生まれたときにバランスを取らなければと思いました。もっと妻や子どもたちと一緒に家で過ごしたかったのです。しかし、どこの会社でも勤め先にそんなことを頼むのは利己的だと考えました。私が勤務したどの会社にも、家族との時間が欲しいと頼むことをよしとしない文化があって、頼めば本当に私は自分勝手だということになったでしょう。そんなわけで、ともかく在宅勤務で家族と過ごす時間を増やし、それで生計を立てられるか試してみるい

い機会だと思いました」。現代の経済では、フリーランスの仕事や在宅勤務は何も目新しいことではない。モールはこのコンセプトを次の段階に進め、家族を優先させることから始めて、それに合わせてビジネスをデザインしたのだ。皮肉なことに、デザイナーでありながら、キャリアを築くために自分のデザインスキルを活用していないデザイナーは多い。しかし成功したリーダーによると、ライフスタイルやキャリアをデザインの問題ととらえ、日々の仕事で使っているさまざまなツールやエクササイズによって解決することが肝要だという。

Vigetのブライアン・ウィリアムズは、家族の優先事項に合わせていくつかの日常業務ルーティンを決めたことが、全体的な生活のバランスにプラスの影響を与えたと説明する。「仕事の部分を楽しめるようにするという点では、典型的な時間管理訓練のようなものです。うれしいことにオフィスまで歩いて行けるので、長距離通勤はしなくていいのです。朝は家族と一緒にいて、子どもたちをバスに乗せ、毎晩、夕食に間に合うように帰れる、そういうことです」。

ウィリアムズは別の見方についても話す。「ビジネスは結構うまくいっており、チームにも十分人がいるので、仕事を委ね、負担を分散しました。創業してからの5年間のように週末に働く必要はほぼなくなりました」。多くの場合、リーダーの全業務をサポートできる会社としてスタートさせるのは現実的でないかもしれない。デザインビジネスが成長して、ウィリアムズが言うような大きなチームを持つまでには時間がかかる可能性がある。彼は現在の状況になるまでに努力と長期的ビジョンが必要だったと釘をさす。

「物事を軌道に乗せるのは際限のない仕事のように思えます。私は経済的成功を求めているのではありません。会社は十分に経済的成功を収めていますが、私は株式公開で大儲けしようと思っているわけではないのです。私の目標は、持続可能で、私とスタッフと関係者全員が楽しめるビジネスを築くことです。私たちは今後20年間で子どもを育てて、コミュニティに参加し続け、大好きなことすべてと関わりながら、自分たちがやりたいことをしようと決めています」。ウィリアムズは彼のア

プローチをかいつまんで話し、長期的な成果を純粋なビジネスゴールに優先させる戦略を示す。「あなたが重心を変えて、"持続可能な仕事の環境を築きたい"と言えば、時間と生活をバランスさせるやり方を変えられると思います」。

バランスの良い生活をデザインするのに、会社やチームが大きくなるのを待つ必要はない。バランスを促す価値観を植えつけることはいつでもできる。ここで重要なのは、仕事をやり遂げて燃えつきない方法を作り出す意識的なアプローチだ。私たちが面会したデザインリーダーたちは、前向きな結果を出すように生活をデザインすることによって、避けられない障害を乗り越えられることを学んでいる。彼らは積極的に家族や友人と過ごす時間を見つけていて、実際にデザインリーダーの45%は、家族と過ごす時間が最高のストレス解消になると考えている。

「私たちはワークライフバランスのコンセプトについてよく考えてきましたが、私はその言葉が嫌いです。まるでゼロサムゲームみたいですよ」とバンクーバーにあるHabanero Consulting GroupのCEO、スティーヴン・フィッツジェラルドは語る。「私たちはその言葉について考え抜き、今では調和にもとづいた価値観を持っています。人生で本当に大事なさまざまなことに情熱を感じられる環境をつくるべきです。それは現実的で具体的なことなんです。私の場合は、自転車に乗るようなこと、Habanero社、子どもたちと家族とコミュニティです。こうしたことに深く関わって情熱を感じることができれば、そこからエネルギーを得て、他の人を元気づけられるのです」。

フィッツジェラルドは、「調和（ハーモニー）」と「ワークライフバランス」を区別している。「ワークライフバランスというコンセプトには、疲れきった父親が仕事も頑張って、今月大活躍のビジネスマンになるというニュアンスがあります。それは私の見方とは違うのです。子どもたちと一緒に楽しい夜を過ごすと、翌日は気分良く出社できます。趣味の自転車で出勤したり週末に楽しくサイクリングをすると、良い父親になれるんです。妻にとって良い夫にもなれますし、Habanero社で活躍できることにもなります。その情熱が他のエネルギーになるのです。これは、ゼ

ロサムゲームとは反対でしょう」。この洞察は最も重要なポイントである。自分の精神、感情、身体の健康に気をつけなければ、持続可能な良いデザインリーダーシップを維持することはできない。こうしたことを優先して調和を達成する時間を作り出すことは、「できればいいな」どころか、リーダーとして成功するための必要条件なのだ。スケジュールがミーティングや他の雑事でいっぱいになる前に、家族との予定と運動を入れておこう。

調和の取れたキャリアをデザインするには、いちばん小さな要素から手をつけよう。1日、そして1週間の計画を立てれば、数カ月、数年の管理が容易になる。「私にとってもうひとつ大事なのは、どのように頭を働かせて日々の計画を立てるかといったことです」とYellow Pencilのスコット・ボールドウィンは言う。「私は自分のタスクに合わせて計画するのに適したシステムを使っています。その週に何をする必要があるか、何を達成すべきかがわかると、有利なスタートを切れます。これはGTD（Getting Things Done：物事を成し遂げる）とスティーヴン・コヴィーのアプローチをミックスしたようなものだと思います。生活にスペースを設けて、優先すべき大事なことや目的を入れる必要があるという考えに沿っているのです。コヴィー[*1]の話に出てくる"石"のことです」。

「私はそれを、バランスではなく流れ（flow）だと考えています」と

[*1]　Dr. Stephen R. Covey, First Things First.（『7つの習慣 最優先事項』スティーヴン・R・コヴィー著、キングベアー出版、2015年）。コヴィーが繰り返し述べている「石」のメタファーを知らない方のために、話の概略を記したい。エネルギッシュな頑張り屋が集まったセミナーで、講師が「ここでクイズをしましょう」と言った。それから広口瓶を出してきて、目の前のテーブルに載せた。さらに、握りこぶしくらいの大きさの石をいくつか取り出し、ゆっくりと一個ずつ瓶に入れていった。瓶がいっぱいになって石が入らなくなったとき、「これで瓶はいっぱいですか？」と講師は聞いた。受講者全員が「はい」と答えた。すると彼は「本当に？」と言い、テーブルの下から砂利の入ったバケツを取り出した。その砂利を瓶に入れて瓶を振ると、砂利は石と石の隙間に入り込んでいった。彼はにっこり笑って、「瓶はいっぱいになりましたか？」とまた聞いた。そのときにはもう、彼の言わんとすることが受講者にもわかっていた。「多分、まだいっぱいではないです」と1人が答えた。「そのとおりです！」と講師は言い、今度はテーブルの下から砂の入ったバケツを出してきた。その砂も瓶に入れ、砂は石と砂利の隙間に入り込んでいった。彼はまた、「瓶はいっぱいになりましたか？」と聞いた。「いいえ！」と受講者が叫ぶと、彼は「そうですね」と言った。そして水の入ったピッチャーを持ってきて、瓶がいっぱいになるまで注ぎ入れた。それから顔を上げて、「私が言いたいこと、わかりますよね？」と聞いた。

SmallBoxのジェブ・バナーは言う。「刻一刻と変わる状況に合わせたバランスがあり、ストレスや日々の活動など、さまざまなことにうまく対処しなければなりません。しかし私にとっては、人生で重要なのは流れです。仕事と生活が互いに良い影響を与え合い、双方向にエネルギーを生み出すことが大切です。双方が別々に分かれて進むとは考えられません」。この最後のポイントがきわめて重要である。現代のデザインリーダー、いや現代のあらゆるリーダーシップは、過去のリーダーシップのようにはなりそうにない。午後5時きっかりに退社し、土曜日の昼間にはメールも見なかった前世代のCEOは、今や過去の遺物と化している。今日のリーダーは、どこにいても仕事と密接に関わっているのだ。スマートフォンとモバイル機器が仕事と遊びの境界を曖昧にしている。仕事と遊びを分けないことに関してバナーが指摘したポイントは、デザインリーダー全員が日々対処していることだ。最も成功したリーダーは仕事とそれ以外をはっきり分けているふりをせず、曖昧さを認めて仕事と生活の統合を受け入れていた。

運動の重要性

運動は私たちのインタビューにほぼ毎回出てきた話題で、運動の重要性や運動不足による欲求不満の話を耳にした。この本で生活における運動の重要性を説明する必要はないだろうが、本書のテーマに関係があるのは、デザインリーダーの大半が運動はストレスを軽減すると信じていることだ。ゴルフ、ランニング、サイクリング、ヨガ、あるいは頻繁に電話をかけながらのウォーキングなど、どれが好みであっても、彼らは日常的に運動を取り入れていた。習慣になっている人もいれば、カロリーを消費しつつ社交を楽しむ機会になっている人もいた。さらには、ひっきりなしのデバイスの通知から逃げ出す手段になっている人さえいた。忙しいスケジュールをこなすにはまず、計画したすべてのことを行い、それ以上を目指すエネルギーを持つ必要がある。リーダーが身体の健康を成り行きに任せれば、最も必要なときに根気と集中力が尽きるのは火を見るよりも明らかだ。

4　個人的成長とバランスの取れた生活　　101

「私はランニングが好きなんですよ」とマルセリーノ・アルヴァレスは言う。私たちは彼に、どのようにしてスマートフォンの絶えざる誘惑を断ち切り、依存から脱却できたのか尋ねたのだ。「私の場合、週に2、3回のランニングが実に効果的です。スマホなんか持って行かなくていいんです。走りながらメールは読めませんから。有酸素運動は脳細胞を活性化するので、問題について考えやすくなります。走りながらじっくり考えるのはなかなかいいものです」。これと同じ理由で、数人のデザインリーダーはランニングがお気に入りだった。ランニングやハイキング、サイクリングのプラス面は、デザインリーダーがデバイスの通知音に絶えず邪魔されることなく、自分の抱える課題を徹底的に検討したり、よく考えたりできる点だ。課題を検討するチャンスをもたらすちょっとした活動を選ぶことによって、リーダーたちはしばしば、ときには自分で気づかずに、日々の大騒ぎから脱して瞑想状態に入る方法を見つけていた。アルヴァレスはさらに、日々の奮闘から抜け出す活動の時間を作ることについて話す。「写真が好きで、釣りも好きです。つまり、いやおうなく外に出て、特に夏に海や山で太陽を浴びて楽しむ活動はすばらしい息抜きになるのです」。

「私はよく運動します。私の年齢ではそれが非常に大事になっています」とYellow Pencilのユーザーエクスペリエンスリードを務めるスコット・ボールドウィンは語る。「たいてい、週に少なくとも3日か4日は走ります。外に出て頭をすっきりさせるという身体的側面は、ここで良い仕事をするための本当に重要な要素です」。バンクーバーに拠点を置くボールドウィンは、ストレスを寄せつけないためにルーティンがいかに重要かを説明する。「そのルーティンは儀式の一部になってきました。妻が出張し、私も出張しなければならないといったときには、やったりやらなかったりですがね」。頻繁にうさ晴らしをする、あるいはただワクワクするための方法を心得ていることは、インタビューで共通して見られた特徴だった。リーダーは何らかのリフレッシュ法を持っていなければ集中力を維持できるはずがない。

「私はヨガと瞑想を少しばかりやっています」とSmallBoxのジェブ・

バナーは語る。「もっとする必要があるんですが、大体、週に２、３回やって、それ以外に少し運動もしています。天気が良ければ、たくさん歩くんです。エリプティカル・マシン〔ペダルを踏むと足が楕円形を描くように作られている運動器具〕も家で使っています」。ヤードセール〔庭を利用した不用品のセール〕の経験から判断すれば、実際に自宅でエリプティカル・マシンを使っているのはバナーだけかもしれない。Devbridgeのアウリマス・アドマヴィチュスにどうやって生活の調和とバランスを保っているのかと聞いたとき、彼は間髪を入れずに「ドラッグをいっぱいやってるんですよ」と答えた。それからくすくす笑って発言を撤回した。「運動が本当に大切なことに気づきました。特にランニングがストレス解消にめちゃくちゃ効くんです」。こうした話を何度も聞いたので、デザインリーダーの62％が主に運動でストレスを解消していると回答したのは当然のことと思えた。

　運動の身体的効果はよく知られている。だがそのメリットはわかっていても、なかなかこの良い習慣をつけられないものだ。デザインリーダーは多忙なスケジュールに運動を組み込むために、内面と外部からの動機づけに頼ることが多い。「妻がパーソナルトレーナーになって、運動させてくれるんです」と言ってダン・モールは笑う。「彼女はラケットボールが大好きなので、何度でも私を誘って一緒にやろうと言います。最近は２人ともラケットボールに夢中です」。デザインリーダー全員が、正しい方向に導いてくれるパートナーや配偶者、友人を必要としていた。運動を一日のスケジュールに組み込むもうひとつの方法は、今熱中していることに結びつけるやり方だ。「私は歩くのが好きで、何マイルでも歩けます」とFastspotのトレーシー・ハルヴォルセンは言う。「走ったり自転車に乗ったりするのではなく、ただ歩くんです。歩きながらミーティングをして、他社を訪問するときには何ブロックも歩き回ります。ウォーキングワークステーション〔ルームランナーと机が合体したワークステーションで、デスクワークによる運動不足を解消するための装置〕を使って歩き、仕事が終わってから歩きます。みんなが寝ている深夜に歩くこともありますよ」。

4　│　個人的成長とバランスの取れた生活

歩きながらのミーティングや立ち机は、デザインリーダーがよく使う戦術だった。ウォーキングなどの運動を会社の文化に組み入れることによって、運動を毎日の活動に組み込んでいるのだ。「私はバスケットボールをするのが好きで、３人制バスケットボールの試合を計画してくれる友達がいるので、できるだけ参加するようにしています」とモールは話す。「そんな風にエンドルフィンを分泌させると、実に気分がいいんです」。運動と健康的な生活を最優先させなければ、リーダーとして成功を収めるのは難しいと言ってもそうおこがましくはないだろう。健康的な活動の時間を予定に入れることを第一に考えよう。リーダーが前もって時間を作らなければ、間違いなくその時間は他のことで埋まってしまう。基盤を作らなければならないのである。

仕事ばかりで遊ばない

デザインリーダーの誰もが、汗を流すことでストレスを解消するわけではない。インタビューしたリーダーの少なくとも４分の１は、理想的なストレス解消法として頻繁に休暇を取るのを好んでいたが、忙しい一日が終わったら一杯飲みに行くと言ったリーダーも４分の１いた。バーで飲むのはほとんどの場合友人と会う時間を作るためだった。運動に次いで頻繁に話題に出たストレス解消の手段は、友人と過ごす時間と休暇である。この仕事と遊びのバランスはリーダーによって違うようだ。毎日、あるいは週に１度、憂さを晴らす人もいれば、完全に燃えつきるまで頑張る人もいる。「成功するには仕事に励まなければならないのです」とDevbridgeのアドマヴィチュスは言う。「１日８時間働けば十分だなんて思いませんね」。アドマヴィチュスは、バランスを取るためのやや極端だが彼には効果的な作戦について説明する。「私が気づいたのは、忙しくなって多少燃えつきてもいいと思っていることです。それから、たっぷりと休むんです。仕事への集中度が正弦波のように振幅して、要するに個人として大奮闘して集中力を発揮し、集中すると非常に有能になるのだと思います。しかし超効率的に１日12時間も14時間も働いて大活躍できる期間は限られており、やがて緊張をほぐしてリラック

スすることが必要になります」。このアプローチは極端だが、私たちが最初に思ったほど珍しいことではなかった。何カ月も一心不乱に働き、その後は完全に解放されて充電する、という話は何度か聞かされた。The Working Groupのドミニク・ボルトルッシは、大変な仕事を数年続けた後、長期有給休暇を取った。「夢のような休暇でした。最低4カ月は休んだほうがいいですよ。私は3カ月取ることにしていたのですが、もっと時間が必要になり、4カ月に延長しました」。ボルトルッシはオフィスとのつながりを断って大半の時間を過ごした。様子を聞くために何度か電話をかける以外はオフラインだった。彼は長期休暇中にトロントからロサンゼルスまでバイクを走らせ、バリ島でサーフィンと演奏を楽しみ、タイで瞑想を学び、インドでヨガの修業をして過ごした。

「こんな風にアグレッシブな大奮闘をして、その後で解放されてすばらしい時間を過ごすのが気に入っています。旅先で息抜きしたり、仕事をしないでリラックスできる場所で何か別のことをしたりするんです」とアドマヴィチュスは説明する。「それができれば、"ああ、4カ月か6カ月間、毎日決まった時間働いた"と言って休暇を取る平均的な働き方に比べて、大奮闘の時期にはずっと生産的で創造的になれることがわかりました」。独自のスタイルに役立つリズムを見つけるのが理想である。以前述べたように、1人として同じリーダーはいない。デザインリーダーの一人ひとりが、仕事に関わり続けて必要なときに充電できるパターンを見つける必要がある。「自然界にある種のリズムがあって、私はただそれに合わせるだけだと思います。そして私は自分の状態を見極める必要があるのです」とマルセリーノ・アルヴァレスは言う。「自分が疲れきっていて、それほど熱心でも創造的でもないことに気づいたら、一歩下がって余裕を持つ必要があります。あの最高の能力を発揮できる面白い時期がもう一度来たら、エンジンをかけて長時間働き、週末も仕事をしなければなりません。なにしろ、それほど熱中してワクワクしている時期には最高の結果を出せるのです。それが私の考え方なのです」。

ストレスを軽減することが目標なら、アドマヴィチュスたちは真正面から問題に対処して奮闘努力しているときにストレスを減らしていると

感じるだろう。「私は会社での仕事と会社を成長させることを心から楽しんでいます」とVelirのCEOであるデイヴ・ヴァリエールは話す。「確かにストレスが非常に大きい時期があります。新しいクライアントを開拓している、新たなプロジェクトを始めている、クライアントの重要な問題に取り組んでいる、社内スタッフの問題に対処している、あるいは前に言った成長の痛みに取り組んでいるといった場合です。私はこうしたストレスの大きい時期になると、より一層仕事を頑張るのです。めちゃくちゃなように思えますが、こうした分野に集中する時間が長いほど、またその問題に注意を向けるほど、ストレスが軽くなるのです。リーダーの地位にある人の多くは、そのときの組織の状況にかかわらず、仕事中より仕事をしていないときのほうが不安を感じるのだと思います。それは私がずいぶん前から感じていることで、今起きていることに積極的に関わるほど不安のレベルが下がります。もちろん、妻は私が仕事に執着するのを嫌がっています。休暇中でも相変わらずメールを送信したり返事をしたりし続けるんですから。しかし、そうしなかったらもっと不安になると思います」。

デザインリーダーは、ビジネスと常に関わっていたいという願いは自分のチームに対する責任によるものだと考えがちだ。「スタッフに対して責任を感じるので、問題にもっと時間をかけたいと思うのでしょうね」とヴァリエールは言う。「今取り組んでいるこの状況に対していろいろな見方ができるようになりたいのです。もし私がスタッフと関わっていなかったら、もっと不安になると思います。正直な話、仕事に没頭していると、とにかくリラックスできるのです」。リーダーシップスタイルが後方支援型であろうと積極関与型であろうと、それぞれのリーダーは自分のリズムを見つける必要があるということだ。自分のパターンを読み取れるようになれば、ストレスに対処できるようになる。その洞察を個人的な改善法と組み合わせることによって、デザインリーダーは創造的でエネルギッシュな状態を維持できるのだ。

調和の取れた未来をつくる

　デザインは、デザインリーダーの日々の仕事を解決するだけでなく、デザインリーダーが自らの生活を作り上げるための解決策となる。解決策のデザインで避けて通れないのが実験段階だ。解決策が頭にあることと、その解決策を実行に移して厳しい現実のなかで試してみることとはまったく別ものだ。「在宅ワークでSuperFriendlyを始めたとき、私は厳密なスケジュールを立てようと思いました」とダン・モールは言う。「9時から5時まで働く。9時に仕事を始め、それより早く始めない。5時に仕事を切り上げ、それより遅くまで働かないといった具合です。しかしまったくうまくいかず、仕事が溢れたりできなかったりしました。子どもたちが2階から下りてきて遊ぼうと言い、仕事の時間だからダメ、とよく怒ったものです」。

　「そんなわけで、今はまったく違うやり方をしています。かなり長く働いて、合間にかなり長い休憩を取るのです。朝は5時に起きて、毎朝5時から7時まで仕事をします。そのあいだは静かで、いちばん仕事がはかどるからです。目が覚めてきて、その日の予定に気を配れるような感じになり、その日のことを考え始める時間です。そして7時頃から10時頃まで子どもたちと朝食を食べ、彼らを学校まで送り、妻と一緒に過ごします。10時か10時30分頃に仕事を始め、子どもたちが帰宅する3時か4時頃まで働きます。子どもたちが2階から下りてくれば1時間か30分くらい遊び、それから7時か8時まで仕事をするのです。ですからある意味、午前5時から午後8時まで机に向かっているようなもので、かなり長く働いているのですが、合間に何度も長い休憩を取っています。そうやって、厳密なスケジュールに従うよりもバランスの取れた生活ができるわけです。最近、このやり方が効果的なことがわかりました」。

　計画した解決策がすべて複雑なライフスタイルの実験である必要はない。やることリストの項目をさっさと片づけるやり方で十分なこともあ

4 ｜ 個人的成長とバランスの取れた生活　　107

る。「限界便益とか少量盛り、あるいは増分といった視点で考えましょう」とYellow Pencilのスコット・ボールドウィンは提案する。「私はたいてい、今週やる必要のある3〜5件の仕事に集中し、さまざまな作業に他の人を参加させる方法を考えます。多くのことを事前に計画し、来週の予定や会合について、来週ではなく今日考えるようにしています」。ボールドウィンのアプローチは、リストの最重要事項に自分の取り組みの焦点を絞ることだ。これをバックアップするために、彼はサポートを得る方法、必要なら人に委託する方法を見つける。「"あれを前に進めるために今週やるべきことは何だろうか？"と自問します。この時間的な増分利益の感覚が力になります。大きな目標、あるいは大きな目的のある人は尻込みして、一体全体どうやってそれを達成しようかと考えがちです。でも、目標や目的を分解すれば、そんなに怖いことではありません。今週はこの企画に取り組んだらどうだろうか？と自問し、来週は多分このクライアントのところへ話をしに行くのです。そして今から2週間後にはおそらく、この仕事をやっています。時間をかけて徐々にその大きな目標に到達できるでしょう」。この戦略は珍しくないが、シンプルで効果的だ。目標を分解すれば、面白い挑戦を行う意欲を損なうことなく、目標を達成しやすく扱いやすいものにできる。どんな戦略であっても、戦略があれば心の平穏を得られる。ボールドウィンは笑顔でつけ加える。「私はいつも未決済書類入れがほとんど空になっているタイプなんですが、そのおかげで頭がすっきりして、適切な時期に明確な行動を取れるのだと思います」。

ルールとルーティン

「私は仕事をする時間としない時間の管理は、それはそれは厳しくやってきました」とGrowth SparkのCEO、ロス・バイエレルは言う。「常に例外はありますよ。すべてのルールに例外はあるのですが、たいてい午前10時までは仕事を始めず、オフィスから出たらメールは見ません。オフィスの外ではメールをチェックせず、翌日の午前10時までチェックを始めないのです。金曜日の午後5時頃に仕事を終えると、週末にか

けて完全にアクセス不能となります」。私たちの観察では、この規律は
まれではないが、より成熟したリーダーに見受けられることが多い。イ
ンタビューしたリーダーの誰もが、仕事と他の生活をはっきり区別して
いたわけではない。仕事とある程度関わっていたいと思うデザインリー
ダーにとって、ただ単に電話を切ったり何日もメールを無視したりする
だけの話ではないのだろう。デザインリーダーの多くは中間の立場に立
ち、仕事と生活のあらゆる要素をからみ合わせることが政教分離より
勝ると考えている。

　あなたが境界を定めたいのなら、仕事の時間とスペースを決めて、そ
れを周囲の人にはっきり伝えなければならない。境界がなければ、クラ
イアントやスタッフはあなたがいつでも応じてくれると思うだろう。こ
れは多くの人や家族にも当てはまる。「ずっと長い間それをやってきま
したので、今ではほとんど日課のようになっています」とシカゴを本拠
とするPalantirの共同CEOを務めるティファニー・ファリスは話す。「そ
して気づいたのですが、バランスとは、いろいろなことをする別々の時
間を作ることではないのです」。夫のジョージ・デメットと共に35名の
会社を経営するファリスは、バランスとは子どもたちや夫婦の個人的関
係を傷つけないやり方で物事を統合することだと感じている。「それで、
仕事の話は禁止の時間を作ってるんですよ。緊急の要件なら別ですけ
ど。たとえば夕食の食卓には電話を持ち込まず、夜の9時以降は仕事
の話はしません。週末は家族で過ごすようにしていますが、誰かが来
る場合は家族のいない所で会うようにしています。ですから、私が取
り組んでいることや悩みの種になっていて解決を目指していることが
あったら……そして夫の助けが必要で、それが通常の就業時間外の場
合は、助けてもらえるかどうか、そしていつなら都合がいいかを夫に
聞きます。同僚に対するのと同じように、夫のプライベートな時間を尊
重する必要があるのです」。

　ファリスの洞察は、パートナーシップがオフィス内にとどまらないリー
ダーにとって確かな指針となる。配偶者間のパートナーシップでは、自
分のパートナーを他人と同じように扱わなければならない。就業時間後

も相手が仕事の話をしたがっていると思うのは、相手の時間を尊重していないことになる。仕事のことを相談できる時間と場所について話し合えば、双方にとって快適な境界を定められる。これは共同経営者やスタッフにも当てはまる。アフターファイブや週末の何時なら都合がつくかを伝えることで、相手はいつ質問や相談が可能なのかを知ることができる。また、カレンダー機能や勤務時間外の自動返信機能によって、あなたの都合が悪いことを伝えられる。私は運動と家族のための時間をカレンダーに書き込んでいるので、私のチームが誤ってこの時間のミーティングに私を入れてしまうことはない。自分の境界がどこにあるかを明らかにすることは周囲の人々に役立ち、あなたの都合の良いとき悪いときについて明確な指示を与える。

┃ 新しいスキルを獲得する

　調和を求めることは、たいていはスキルを伸ばすことに相当する。私たちはデザインリーダーと話しながら、しばしばリーダーとして成長するための個人的アプローチについて質問した。自分たちの経験から、リーダーは難題に立ち向かった結果として成長することがわかっていた。こうした外的影響は一貫性がなく、断続的に訪れるものだ。

　これは明らかなことのように思われるが、リーダーたちが浮き沈みのある時期にどんなことを考え、あるいは何をしてリーダーとして成長したのかを知りたかった。SuperFriendlyのダン・モールは次のように語る。「私は十分考えたうえでリスクを取りました。私にいちばん足りないスキルは勇気だと思っています。それを何とかするのは本当に難しく、私はいつも、転んでも大したことはないと思えるリスクしか冒しません。どうなるかわからない賭けには絶対に出ないのです。うまくいかないと思えば、絶対に賭けに出ません。だから、努力してその面に強くなりたいのです。それから、学習意欲のある人と一緒に仕事をしたいと思います。仕事のできる人を雇っても、その人がプロジェクトに参加して何か学ぼうと思っていない、何か学べると期待していない、あるいは"これをやったら出ていこう"と思っているだけなら面白くないでしょ

う。いい仕事をして、プロジェクトがうまくいっても、一緒に何かを学ぶのでなければつまらないのです。心から一緒に仕事をしたいと思うのは、これから手がける仕事のやり方がよくわからなくても、やりながら解決していく人です。そういう人は実に魅力的です。プロジェクトに臨んで、"これをどうやればいいのかわからないけれど、学習能力には自信があるので、最終的にはエキスパートになれる"と言うような人。私はそんなタイプに惚れ込んでいます」。

　試行錯誤を繰り返して学ぶリーダーもいれば、人を観察したり話を聞いたりして学ぶリーダーもいるが、最高のリーダーはこの2つのアプローチのバランスを取る。本書では、こうした知識の源を探ることを試みている。どちらのアプローチを取っても結果はついてくるが、人から学ぶほうが実を結ぶのが早い。ただ、気をつけてほしいのは、リーダーは自分の強みと弱みを見極め、改善すべき点を心得ておく必要があることだ。まったく不得手なスキルセットについて、メンターにアドバイスしてもらうのは時間の無駄というものだろう。どのスキルに注目すべきかわかっていれば、ピントを合わせて解決策や見識を探ることができる。「まずは委任することにしました」とThe Working Groupのドミニク・ボルトルッシは言う。「パートナーたちに頼り、私の不得手な分野のリーダーになってもらいました。そしてもうひとつは、私が得意なことを見つけることでした。リーダーとしての自分のタイプを知ることです。見識のある人やメンターの話を聞き、本を読んで、こうしたスキルを訓練で鍛えました。毎週たいていは金曜日に1時間ほど時間を作り、そんなやり方をどのように続けていきたいかを考え、文章に書いています。とにかく時間を作ることが大事なんです」。

ソフトスキルには大きな利点がある

　デザインリーダーが最も重要だと考えていたスキルの大半はまた、最も測定困難なスキルであり、おそらくは最も獲得しにくいスキルだろう。「共感の他には、ですか？」とジェブ・バナーは言う。「もちろん、フォーカスです。いついかなるときでも最重要事項が何かを言えることです。

ときには脱線してしまいますが、それは、しょっちゅう新たなプロジェクトを始めるからなのです。したがって私は、今取り組んでいる商売抜きの仕事と、自分のビジネスと、将来の構想について考えています。自然に集中できるタチではないので、自分の考え方を構造化して気を散らさないようにする方法を見つける必要があるのです。その一環として、今年はアナログ人間になってディスプレイを見る時間を減らしています。ADD（注意欠陥障害）のような思考と行動になってはいけませんから」。リーダーが行動を変えること、行動を変える必要性を認識することは、成熟したリーダーシップの何よりの証である。ユーザーエクスペリエンスの調査からわかったのは、行動の変化が説明責任と結びついたときに最も効果があることだ。これもリーダーの成熟を明確に示すものだった。「私はもっと説明責任を果たさねばなりません。自分をもっと説明するべきです。自分の目標とコミットメントをもっと多くのオーディエンスにぶつけて、オーディエンスが私のところに"おい、完全に脱線してるよ"と言ってこられるようにすべきなんです」。

　「だいぶ前にこのことを自覚したので、今週、昨日ですが、誰かに言ったところです。私は今週、実際に意思決定をして、15人ほどの生活に影響することをやるつもりです。彼らを雇って、昇進させ、すっかり人生を変えてしまうんです」と言ってヴィンス・ラヴェッキアは相好を崩す。「どうしてこんなことになったのかよくわかりません。私たちは、すばらしい人たちと一緒にすばらしいエージェンシーを作るという考えのもと、事を進めてきました。私の仕事は立派な会社を作ることです。ジャスティンとJD〔InstrumentのJD Hooge〕がすばらしい仕事をしてくれるのです。だから、私がすばらしい人たちを見つけて、彼らがすばらしい仕事をできれば、私たちは成長を続けてすばらしい環境で生きていけます。私たちはこのことにコツコツと取り組んで、その途中で意思決定をしてきたのです」。

リーダーが成長して、会社が成長する

　リーダーは真空のなかで成長するわけではない。リーダーの成長は自らが運営するグループと関連している。Instrumentのヴィンス・ラヴェッキアは、会社の成長とそれがもたらす個人的な課題に関するおなじみの話を語る。会社とリーダーは、一方が成長すると他方も成長するのだ。「4人でやっていた頃は"うわぁ、8人になったらどうなるのだろう？"という感じでした。そして12人の頃は"絶対に40人にはならないな"と思い、40人になると、"なんてこった！　でっかいぞ。40人より大きな企業の経営なんてできるかわからないな"といった具合でした。本当にわからなかったのです。そして突然、80人になりました。それでも私は人に"いいかい、私はこんなことはやったことがない。これで精いっぱいだ"と言います。最高ですね！　ええ、ここまでになれたのです。でも本当のところは、私たちが探し当てた人々、つまり人材のおかげです。私たちより彼らの貢献によるものだと思います」。

　「それはいっぱいありますよ」とサラ・テスラは満面の笑みを浮かべて言う。デザインリーダーへの道において、彼女がもっと学ぶべきことは何かと聞いたのだ。「リーダーシップは常に進歩を続ける仕事だと思います。あなたが責任を負う従業員が増えるほど、あなたは彼らにやる気を持たせて、従業員を仲間に引き入れなければなりません。ビジョンは何かって？　その、彼らは何を支持しているのでしょう？　そして、そう、リードする方法を見つけること ——それ自体が日々の挑戦です。私はお手本を示して導くリーダーになっているのか、それともこの椅子にふんぞり返りすぎているのか。いつもその微妙なバランスを取ろうとしています」。人に頼るべきときとふんぞり返るべきときを判断するのは、リーダーにとって難しい決定かもしれない。この両方のタイミングのバランスを取ることは、すべてのリーダーが追求する永遠の課題かもしれない。テスラは、自分の成長が参加メンバーの選択にも深く関わっていると感じている。スタジオで働く社員の適切なバランスを取ること

4　個人的成長とバランスの取れた生活　113

が、自分のリーダーシップの成熟度とリーダーとしての成長をはっきり示す指標と考えている。「メンバーの微妙なバランスです。チーム作りには注意深く配慮していますが、奇妙に聞こえないように言えば、私はただ個性を守りたいのだと思います」。何人かのリーダーに見られた特徴は、会社とチームは自らの個人的成長の反映だと考えることだった。彼らは周囲の世界を自らの内面の鏡と見なしていた。

こうしたリーダーは、偶然リーダーになったわけではない。彼らは全員、リードしたいという意欲を持っていた。リーダーへの道は必ずしも平坦ではなく、期待したようなものではなかったかもしれないが、みながその役割を担っていると自覚していた。私たちは、彼らが機会を与えられたら、どう自分自身にアドバイスするのだろうかと思った。いかにして彼らの体験が他のリーダーたちに伝えられるのかということにも興味があった。今活躍中のリーダーには若手より深い知識や洞察、自信があり、若く経験の浅いリーダーの適切な選択を手助けできる。「私は今の生活に満足しているので、そう多くは変えないでしょう」とSuperFriendlyのダン・モールは言う。「けれども、私が行ったいくつかのことをもう少し強化したいと思います。私はずっと、作業指示書や操作マニュアルなどを読むのが好きな、ちょっと変わった従業員でした。私はそうしたことをもっとやろうと思っています。マニュアルなどがなくて、それらを作るように励まして賛成してくれた上司が存在しなかったら、私は会社を運営できなかったと思います。また、他の人々の過ちや失敗から学ぶことができて本当に幸運でした。このように、観察して実行に移すのが好きなんです。ですから、若い頃の自分にこう言ってやりたいと思います。"それを目一杯やって吸収するんだ。会社経営のいいトレーニングになるから"と」。

おわりに

サラ・テスラが指摘したように、リーダーシップは未完成の仕事である。リーダーにとって、個人的な成長はチームの成長と別個のものではない。リーダーが構築して育てた組織に、自らの成長が影響を与えるの

だ。そして彼らが築いた組織が今度は、そこで働く人々の成長に影響する。すべてがつながっているのである。「それが私の全体哲学です」とスティーブ・フィッツジェラルドは言う。「それがHabaneroの価値観の１つなのです。私たちが築こうとしているのは、社員の生活のダイナミクスを尊重する組織、彼らが自分の生活の他の要素を大事にしながら調和した専門領域を創造できる組織です」。こうしたデザインリーダーの場合、彼らの態度が成長へとつながる良き循環がある。リーダーが自らの成長と学習を促す挑戦を追求するほど、彼らのチームもさらに意欲的に挑戦するようになるのだ。

この章のポイント

→ あなたがリーダーなら、第一の顧客はあなたのチームである。

→ 個人的な目的と職業上の目的を持つことで、あなたの成長戦略に
フォーカスと明晰さが生まれる。

→ リーダーは人材とプロセスに投資して、雑事を除くようにする。

→ 成長分野への洞察を与えてくれるアドバイザーとメンターで周囲を
固めよう。

→ 大半のリーダーは、交渉やプレゼンテーション、問題解決などのソ
フトスキルを常に開発する必要がある。

→ あなたに連絡可能な時間をチームに知らせて、プライベートな時間、
家族と過ごす時間を確保しよう。カレンダー機能を使い、早目にそ
の時間を予約しておこう。

→ デザイン戦略を用いて理想的な生活をデザインしよう。日単位、週
単位、月単位、そして年単位の計画を立てれば、驚くほど時間管理
ができるようになる。

→ 運動は、ストレスを軽減して忙しいスケジュールのためにエネル
ギーを蓄えておくいちばんの方法だ。ウォーキング、ランニング、
サイクリング、そしてヨガが活動リストのトップに来る。

→ デザインリーダーは、特に友人や家族と過ごす時間を作ることが調
和の取れた生活に欠かせないと考えている。

→ 仕事のパートナーシップは調和を生むこともあれば、ストレスのも
とになることもある。あなたの強みと弱みを補ってくれるパート
ナーを見つけ、パートナー間のバランスが取れるようにしよう。

→ 人生には波がある。忙しい時期に備えて、引き潮のときに充電しよう。

5 | 将来計画

はじめに

デザイナー、特にデジタルプロダクトのデザイナーは、最先端テクノロジーを用いた仕事に関わることが多い。これは面白いこともあれば、いらだたしいこともある。どのテクノロジーが市場の需要に応えて生き残り、どれが一時的流行にすぎないかを調査することが、日々不可欠なように感じられるかもしれない。私の10歳の息子がどんな仕事をしたいかと聞かれて、「そんなことわかるはずないでしょ。僕がやることになる仕事はまだ誰も考えついてないんだよ」と言ったように、私たちは、世の中の移り変わりが激しく、そう遠くない未来さえも霞んで見えるような時代に生きている。不透明な将来に向けてどう計画すればよいかを知ることは、デザインリーダーのいちばん難しい戦略的課題である。リーダーが関心を持つ必要があるのは外的な力だけではない。リーダーは、進むべき道を会社全体に示すことを期待されているのだ。

将来の不透明性を考えれば、プランニングは多くのデザインリーダー

にとって難しそうな課題に思われるかもしれない。経験豊かなデザイナー兼リーダーでGrommetのCEOであるジュール・ピエリは、プランニングを大局的にとらえて次のように話す。「今このビジネスをやっていると、"今週は計画作りの週だ"とか"これが企画会議だ"というように単純にはいかないんです。私は毎年、年頭にあたって客観的に考え、いわゆるCEOレターを書かなければなりません。前の年に学んだいちばん大切なこと、そして翌年の第一の目標について熟考するのです。100％それだけを考えるフォーマルな時間は、多分これだけだと思います。そうして、その年の残りは、外の世界をこのビジネスの内側とつなげることに関わっています。私の投資家の1人がこう言いました。"ジュール、あなたの仕事は外に出かけて吸収することだよ。それをやらなくちゃ。他には誰もできないよ"と。実は、その話に一種の解放感を覚えました。というのは、彼がそう言ったのはひどく忙しい時期だったからです。それまで私が決して手を出さなかったことをやる許可を与えてくれたのです。デザインリーダーは、外に出て学ぶ時間などないと思うかもしれませんが、それがリーダーの責任なのです」。日常のオペレーションから視線を上げて、外の世界に焦点を当てることがリーダーシップの必須事項である。昔からよく言われているように、リーダーの役割はビジネスに取り組むことであって、ビジネスの内部で仕事をすることではない。

　私は個人生活と職業生活の両方の計画を立てるのが大好きだ。私の場合、新年の抱負をいくつか書き出すだけだったのが、徐々に発展し、今では生活のいろいろな面の詳細プランを作るようになっている。私が気に入っている計画作りのコツは、自分の計画を大勢の同僚の前で説明するつもりになって作ることである。そうすると、自分と同じような立場にいる他の人から質問されそうなことについて、徹底的に考えるようになる。この仮想のオーディエンスに向けた基調プレゼンテーションを準備することで自分の頭脳をトリックにかけ、一つひとつの目標やステップを真剣に考えるようになる。他のリーダーで、ビジョンボードやロードマップを作って自分のプランを見える化する人の話を耳にしたこ

とがある。こういったテクニックは奇妙に思えるかもしれないが、それらは実は、プロダクトやウェブサイトのデザインに用いられる手法とまったく同じなのだ。ムードボード、エクスペリエンスマップ、ユーザーストーリーなどはすべて、未知の未来を視覚化して計画を作るための形式化されたプロセスである。

天性のプランナーか習得したプランニングか

　デザインリーダーは天性のプランナーだろうか。それとも長い時間をかけて身につけたスキルの持ち主だろうか。私の個人的経験では、プランニングとは習得したスキルであるが、私の仲間のスタジオオーナーが活動する様子を観察していると、もっと自然にプランニングを行うようになったリーダーもいる。どちらにしても、効果的なプランニングのスキルは一般に経験によって磨かれ、組織ニーズの変化に応じてプランニングの変更が必要となるほどスキルアップできる。「自分が優秀なプランナーだとは言いませんが、うまくなっていると思います」と話すのは、352 Inc.の創業者ジェフ・ウィルソンだ。「歴史的に私たちの会社は、少々ビジョンを欠いていたと思います。まさにその日暮らしで、必ずしも長期的な展望を持っていなかったのです。今では、戦略的にも財政的にもプランニングは大変重要なものだと考えており、以前よりうまくなってきちんとやれています」。352 Inc.のように安定した企業でも、プランニングの価値がわかるのはある程度成熟の域に達してからのようである。
　計画を立てるべきかどうかという問題には、企業の規模が影響するようだ。小規模企業が長期プランニングにはあまり関心がないのは、彼らにとってそれほど大事ではないからだ。しかし、企業の成長とともに、プランニングに対する新たな考え方が必要となる。それまでの成功は才能豊かな人材の貢献によることが多く、プランニングがなくても成果にはそれほど影響しないのだ。私はこれを「スマート・ラッキー戦略」と呼んでいる。運に恵まれた、優秀な人材を抱える小さなグループは、戦

5　将来計画　　119

略がなくても一定の期間——ときには何年にもわたって——長期プランニングから免れることができる。問題が生じるのは、プロジェクトがもっと複雑になる、グループが成長する、コミュニケーションがもっと難しくなる、あるいは運が尽きたときだ。成長する組織は、異なるアプローチを必要とするのである。

戦略の立て方はデザインリーダーによって異なる。「私はプランナーであるか？　どちらとも言えませんね」とサラ・テスラは言う。「私はあらかじめ十分に計画を立て、自分の次の方策について、またその方策で失敗しないかどうかについて、自信を持てるようにします。でもそれ以上のことはしません。面白そうなビッグアイデアを考えるのが好きですが、どちらかと言えば、今のこの瞬間を生きるタイプの人間で、細かいところまでこだわりすぎるプランナーではないのです」。私たちがインタビューしたリーダーはみな、プランニングに少しずつ異なるアプローチをしているが、プランニングが重要であることは誰もが認めている。

あなたが今を生きるタイプではないとしても、胸躍るビッグアイデアを考え出すというテスラのようなアプローチから、良いプランニングが始まるのだ。グループや組織の大きさとは無関係に、自分たちがどの方向を目指すのかというビジョンが必要であり、ビジョンは明確であるほど良い。明確なビジョンはまた、人々の感情をとらえるものでなければならない。ビッグアイデアは、それを達成しようとするチームにモチベーションと高揚感をもたらす。ビッグアイデアには、ベッドから起き出して仕事に行くだけの価値があるのだ。スモールアイデアは簡単に忘れ去られてしまう。私たちは10年前にFresh Tilled Soilを立ち上げたとき、全業界のリーダー顧客がわが社をユーザーエクスペリエンスデザイナーの第一候補に選ぶはずだと確信していた。それはこの分野の経験があまりない地下室の2人にとって、正気とは思えない大きな目標だった。そして10年にわたる旅を続け、今では毎週見込み客やクライアントからわが社が本当に第一候補だったと聞かされる。後から考えると、私たちの厚かましく危なっかしい壮大な目標は、結局そんなに怖がるほどではなかったように思える。

Velirのデイヴ・ヴァリエールは、計画作りの習慣を調整する必要性について振り返りながら、それは彼にとって進化し続けるスキルセットだと説明する。彼のプランニングへのアプローチは、受動的なものから能動的なものへと変化してきた。「この数年のあいだに、私の計画作りへの熱意は変わってきたと思います。初めてこのリーダーの役に就いた頃はとても受動的でした。組織としての転換点に来ているのでしょう。5年ほど前には従業員は約50人いました。内部構造もスタッフの編成方法も組織化されていなくて、クライアント対応のプロセスに関わる仕組みは文字通り何もありませんでした。私たちは人の配置から制作に至るまで数多くの問題を抱えていて、クライアントへのサービス中断を引き起こしていました。大規模な中断ではなかったのですが、かなり目立つものだったのです」。ヴァリエールは、ときには厳しい状況における苦痛と失望からやむを得ず学習することになると言う。急成長の重圧を受けていると、安定した将来に向けた計画作りの解決策として、何らかの迅速な実験を必要とすることが多い。「その当時、私は状況に対してとことん受け身になって、穴をふさごうと努力していました。穴をふさごうとしていると、自分のすぐ目の前だけが気になって、もう少し視野を広げるとか、もう少し地平線の向こうを見るとかはしないものです。もっと戦略的になって計画作りを考えるなんて、とてもできませんでした。急成長したので、大勢の新しいスタッフを雇っていました。多数の新しいクライアントを取り込んでいたのです。当時のいくつかの問題に関わりながら、成長を支える規模の組織を考案するのはかなり面倒なことでした。リーダーは組織構造に関していろいろなことを試そうとするものですが、私がはっきり覚えているのは、私たちが組織の管理構造の点で何か試そうとした結果、まったく誤っていてやり直す必要があった2つの事例です」。

　ヴァリエールは一時しのぎのアプローチから一歩退いてプランニングに軸足を移し、約1年を費やして、次の10年間でVelirに強烈なインパクトを与えそうなことは何かを考えた。さらに多くの時間をかけてそこに到達するためのステップを検討し、成長期の苦しみをコントロールす

5 ｜ 将来計画　　121

ることができた。彼は続けて語る。「何をすればそこに到達できるだろうか？　私たちは本当に開発会社としてハイリスクハイリターンな選択をしたいのか？　あるいは、純粋な開発と実装の範囲を超えたサービスを提供するフルサービス・エージェンシーの方向に仕事を拡大したいのか？　こういったことを考えていました」。適切な問いを立てることで、彼は幹部チームと力を合わせて答えを見つけることができた。次の段階は、その答えを実行に移すためのステップを計画することだった。「これは、プレゼンテーション用ポートフォリオを作る、そして適切なスタッフを参加させ訓練するという点で、重要なことでした。その視点から、私たちは考えを深めて、多くの計画を立てることができたと言えるでしょう。私は物事がずっと心地良く感じられるようになりました。この新しいサービス分野について何をしたいのかをずっと効率的に考えられるようになり、"どれだけ時間がかかってもいいから目標に到達できるステップとは、どんなものだろうか？"と問いかけています」。

　「それは天性のものと後天的学習の両方が混じり合って得られるスキルだと思います」と話すのはYellow Pencilのスコット・ボールドウィンだ。「私はずっとインボックスゼロ型の人間でした。大まかに言ってですがね〔インボックスゼロとはメールの受信ボックスに残る未処理メールをゼロにするメール管理術のこと〕。自分の情報をくまなく探すといったことがかなり得意ですが、その多くは頭を整理して適切な時に明確なアクションを取ることに行き着くと思います」。頭を整理するとは、Eメールから年間予算まであらゆるものを扱う戦略を持っていることを意味する。そしてこれらの戦略は、自分のリーダーシップスタイルに何が有効かを試すことで発展するのだ。したがって、自分のリーダーシップスタイルをいつも意識していることが、最良のプランニング方法を選択する手助けとなる。「私たちはプランニングに対して完全に戦略的な取り組み方をしてきました」とCloud Fourのジェイソン・グリグスビーは話す。「数年前にはストレングスファインダー[*1]の練習を山ほどやりました〔ス

＊1　「Strength Finder 2.0（ストレングス・ファインダー2.0）」（トム・ラス作）（http：//www.strengthsfinder.com/home.aspx）

トレングスファインダーは、著名な心理学者ドン・クリフトファンが開発した才能診断ツール。日々の生活や仕事で成果を出すための人の「強み」を見い出すために活用される〕」。彼らは、幹部チームの強みを特定することによって、その強みと最も相性の良いソリューションを探すことができた。「私は自分の頭脳の戦略的なところをなくすことはできないと思います。ストレングスファインダーによると、私は達成者、戦略的、未来派のカテゴリーに入ります。思考モードに入っている時間があまりにも長すぎるのです。私たちの行動の大半は、どうすれば目的地に到達できるか考えることなのです」。

不透明で厄介な未来

　私たちはデザインリーダーたちに、全体としてこの業界をどう考えているかも尋ねた。機会や課題、トレンドの面でこれから何が起きるのかについて、彼らの見方を知りたかったのだ。Working Groupのドミニク・ボルトルッシによると、将来クライアントは単なるデザインや開発サービスを超えるものを要求するという。「私たちが自ら気づいたのは、わが社のクライアントの規模が拡大すると —— 彼らはどんどん大きくなっている国内企業と国際企業です —— クライアントはプロダクション以上のもの、ソフトウェアを1つデザインしてポイと手渡す以上のものを提供する誰かを探しているということです。クライアントはそうした要求に先行する知恵と戦略を求めており、わが社はそれを常に提供してきましたが、つい最近まで開発スタジオとしての伝統が邪魔して、焦点を当ててはいませんでした」。

　デザインチームが成長し、ピクセルをいじって見栄えを整える以上のスキルレベルになってくると、もっと戦略的な仕事をしたいという欲求が強くなる。もっと戦略的な仕事とは、内部における一層のプランニングを意味する。複雑なプロジェクトに対応するには、戦略的思考の訓練を積んだチームが必要となる。「これまでわが社は、アプリのコーディ

5 ｜ 将来計画　　123

ングをする裏方にすぎませんでした」とボルトルッシは話す。「プロジェクト規模が大きくなるにつれて、そういった戦略へのニーズが強くなっています。このため、私たちのようなエージェンシーは、開発プロセスと同時に、そういうタイプの仕事をもっと提供できるようになる必要があるのです。アジャイル開発プロセス〔ソフトウェアを迅速に、また状況の変化に対して柔軟に対応できるよう開発する手法の総称〕を採用してからもう3、4年になりますが、これによって戦略思考がプロダクションにしっかり組み込まれています。あらゆるサイクルは、何を開発したいのか、なぜそれを開発したいのか、またどう優先順位をつけるかについて、戦略的プロセスと戦略思考によるチェックを受けるのです」。

　ここでの教訓は、プロジェクトレベルで成果を上げるプランニングはまた、企業レベルのプランニングにも力を発揮するということである。この2つは常に結びついているのだ。自社のデザイン組織のこの質問に回答できなかったら、クライアントに戦略的価値を提供することはできない。「クライアントをそのプロセスに導けば、もっとすばらしいこと、プロダクションの改善、優れたソフトウェアを実現できるでしょう」とボルトルッシは続ける。「同じようなエージェンシーの多くに見られる共通のテーマだと思います。単なるデザインと開発のスタジオになるのではなく、クライアントのビジネスニーズにもとづいて（ウェブサイトを）どうデザインすべきかについて、思考力と専門的な知見を求められているのです」。

　Habanero Consultingは創業20年の企業だが、CEOのスティーヴン・フィッツジェラルドは、今後数10年のビジネスプランを考えている。アジャイルとリーンのような近視眼的プランニングの方法論が数多く人気を得ているなか、長期計画は前世代だけのものという誤った考えを抱くかもしれないが、それは間違っている。プランを積極的に作るかどうかは別にして、デザインリーダーはすべて、長期的な未来が自分のチームとその機会にどういう意味を持つのか思いを巡らしているのだ。遠く離れた将来の計画を立てるのは難しく思えるかもしれないが、その遠い未来が、デザインリーダーの気持ちをかき立てるようだ。「それこそ

魅力的で、クールで、正直に言って自分にとって超刺激的です」とフィッツジェラルドは言う。「わが社は従業員の関与と職場の健全性を詳しく調査しています。制度問題は別にして、私たちが改善したい重要分野の1つで、現在、会社として関与を強化したいのはビジョンを明確にすることです。わが社が踏み出すべき次のステップはどこか、どこに向かうべきかをはっきりさせる旅を3、4年間続けていて、チームに"私たちが役割を発揮したいと思う世界は変化している"と言っています。これはすべて、組織と人々の繁栄を支援するためのわが社の目的に関係することです。私の信念は、"これが私たちの提供する価値で、これが市場の機会で、ここに世界はお金を使おうとしている"ことを示す長期ビジョンを作る必要があるということです。そうやって自分たちのポジショニングを行うのです。ウェイン・グレツキーの言葉を借用すると、市場において"（アイスホッケーの）パックが動く方向に滑っていく"のです」〔ウェイン・グレツキーは「アイスホッケーの神様」と呼ばれたカナダの元プロアイスホッケー選手。I skate to where the puck is going to be, not where it has been.という名言から引用している〕。

　将来の計画作りとは、時と共に勢いを失うことのない戦略を採用することである。プランを最新流行のテクノロジーや人気の高い産業にリンクさせても、一時的な成功に終わることも多い。デザインリーダーたちは長期プランをうまく実行するために、そのビジネスを行う核心的な理由をいつも引き合いに出す。計画を基本に合わせて調整することが永続性のある戦略を確実にする方法である。「私の考えによると、ビジョンは自分の存在理由と目的を考え、それを長期的にどう展開すれば最大の成果を収められるかを理解するところから生まれるべきです」とフィッツジェラルドは話す。「市場のその他のダイナミクスや、それ以外の現実的なことを考えなければなりません。長期的に目的を最大限達成するにはどうするべきかという考えにもとづいて、自社のビジョンを推進したいのです。そうすることで、自分たちは会社としてどこを目指したいのか、またこの大きな変化のなかにおいてどのような役割を演じたいかを考える、異なる視点がもたらされます。これはクライアン

トと彼らの文化に与えるインパクトと、それによってクライアント組織の繁栄を支援することに関わります」。

「自分にとってそれは学び続けることです」。グレッグ・ホイは、未来と未来がもたらす驚くべき恩恵について考えていることを話す。「たまたま私がもらった最高の贈り物は、Owner Camp[*2]を始めたことでした。その動機となったのは今後の代替収入源を開拓することでしたが、それが自分のプロフェッショナル能力を開発する何よりの機会になるとは思ってもいなかったのです。同じことをしている似た人に話しかけて、彼らから学び、リーダーのライフサイクルはどんなものか学ぶのです。私はと言えば、エージェンシーの経営者人生で未熟な10代にさしかかっているようなものです。歯列矯正器とヘッドギアをつけて、自分が正しいことをやっているのかどうか、いまだに答えを探しています。最終的には、花を咲かせるか、退却を余儀なくされるかです。そうしたことをすべて考えるべきです。自分を鼓舞し続けて前進させるものは何かを考える必要があるのです」。

計画を企業文化に適合させる

デザインチームの規模、体制、文化は、あなたの作るプランに大きな影響を与えるだろう。各グループはそれぞれ異なっており、組織として実際に何を支援できるかを理解することがデザインリーダーの責任である。他の誰もがやっているから何かをしようと計画するのは、良く言えば天真爛漫、悪く言えば破滅を招くというものだ。個人の強みを見つけるエクササイズと同じように、リーダーは自分たちの組織が何を得意としているかを問いかける必要がある。これはまた、自分たちの弱みを認識することにもなる。自社の内製プロダクトの開発を支える文化や体制がある企業では、そのための計画を後押しできることを意味する

---

*2 Owner Campとは、Bureau of Digitalが年に数回開催するデザインスタジオのオーナー、上級幹部向けの研修旅行。

かもしれない。「エージェンシーとして本当に参入したかった理由の1
つは、私たち自身のプロダクトを開発して製品収入の道を開いて、サー
ビス収入を補完したかったことです」とジェフ・ウィルソンは言う。「自
社プロダクトの開発はエージェンシーにとって怖いことです。うまくい
かない恐ろしい話をよく耳にしますが、よくよく管理して進めるよう
に努めています。それが長期の成功のために本当に重要だと思います。
収入源を多様化することになりますから、クライアントワークに100％特
化はしないのが私たちの目指すところです」。

　「わが社の将来計画は、実際には文化を維持してそれを成長させる方
法を見つけることです。なぜなら、わが社の将来の成功は、圧倒的に
私たちの文化に依存しているからです」と話すのはFunsizeを創業した
アルメンダリスだ。「私たちのビジネスは口コミから生まれるため、これ
までマーケティングや事業開発に資金を投資したことは一切ありません[*3]。
わが社のすばらしい文化が知れ渡っているので、多くのビジネスがもた
らされ、私たちがやっている数々の素敵なことがその文化から生まれる
のです。つまり私の考えでは、自分の計画作りの大部分は、わが社の
文化の維持と育成と改善に関わるものになるわけです」。

　「そうですね、結構ゆるやかですね」。ブライアン・ウィリアムズは、
計画を1つのテクノロジーないし市場セクターと結びつけるアプローチ
について語る。「私たちの見解は、変化は避けられない、ということです。
私たちは絶えず変化する業界で仕事をしていて、今機能しているもの
は2年後には機能しないでしょうし、2年前には存在していませんでし
た。そういうことです。常に目にしていることですが、自分たちが使っ
ている一連の技術にしても、あるいは利用するプロセスにしても、ツー
ルは常に変化を続け、顧客ニーズも変わっています。私たちはときには
新興企業と一緒に仕事をすることがあるので、彼らの浮き沈みには用
心が必要です。新興企業のいくつかは現時点では絶好調ですが、1年
か2年後にバブルが弾けると消えてしまうでしょう。ですから、それに

＊3　最新情報：Funsizeは最近、事業開発のトップを採用した。

頼りすぎてはいけません」。

　1つの市場セクターあるいはトレンドに頼りすぎることは危険だ。計画作りの柔軟性とは、組織文化にとって良いことと市場にとって良いことを常にバランスさせることである。グレッグ・ホイはウィリアムズと同じ考えを述べる。「あなたは自分に問い続けなければなりません。クライアントサービスは自分をさらに元気づけて進歩させているか？　ある特定のニッチに集中しているほうが別のニッチに集中するより活性化されるか？　自分のモチベーションを高める組織を周囲に作り、そのニッチでの活動を絶えず活発化することができるか？　そういったことについてよく考えます。私はウェブデザインや批評といったことをやれる人間ではありませんが、他の領域での経験、新入社員が持っていない経験や、自社の新規ビジネスの機会に活用できそうな経験を提供しています。次は何をすべきか、どうやって組織に価値を付加するかをしょっちゅう考え、他の優秀な人たちと以前やっていた事業開発のことを教え込むようなものです」。

　ウィリアムズは続けて、いかにして技術トレンドと流行産業の急激な浮き沈みを避けるかについて説明する。「そこでこの変化のほうに賭けて、全体の仕組を作り上げました。私たちの将来計画でよく言うのは、"それではチームとして何をやりたいのか？　どんなテクノロジーを活用したいか？　これから2年あるいは5年先にどんなクライアントを必要とするのか？　どんなタイプのソリューションで解決したいか？"といったことですが、あまり厳密ではありません。そこに到達するための厳密な計画を作ろうとしているわけではないのです。私たちは、自分たちが何を達成しようとしているかという観点で、明確なビジョンが欲しいのですが、しかし、変化は絶えることなく続くという事実は受け入れています」。計画を永続性のあるビジョンに結びつけることが、デザイン組織にとっていちばんうまく機能する方法である。デザインリーダーは、流行のテクノロジーを選択するのではなく、その背後にあるテクノロジーが存在する理由に焦点を当てる。たとえば、ソーシャルメディアはトレンドではなく、人間がつながって情報を共有したいという

欲望である。その人間の根本的欲望はおそらく消えることはない。聡明なデザインリーダーはそこに着目し、戦術投資を選ぶ際には、欲望を活用するように計画を調整するのだ。

　この、人間行動の基本的原則に焦点を当てる考え方は、単にテクノロジーや産業のバーティカル市場（銀行、保険、運輸、病院など、特定の業種に特化した市場）だけに限らない。デザインリーダーはまた、行動の基本的原則が、部下をどう管理してどう指導するか、また自分たちの文化をどう監督するかということに直接関係すると理解している。「メディアで見聞きする流行のマネジメント手法もあります」とウィリアムズは言う。「いつもそれを耳にしているでしょう。1つの例は、部下をせっかちに解雇することです。組織に不適切な人がいることは誰にとっても何も良いことはないので、解雇はまったく冷淡なやり方だというわけではありません。しかし私は、"採用はゆっくり、解雇はすばやく"といったやり方は好みに合わないことにすぐに気づいたのです。私たちの体制と文化では、解雇はすばやくという考えは少し冷たすぎます。ぱっとしない不幸な部下に気づいたら、何とかして彼らを組織の外に抜け出させ、うまくやれてハッピーになれる場所を探してやるのがいいのです。それが大事だと思います」。ウィリアムズはさらに続けて、誰かを辞めさせなければならないときには、たっぷりと時間をかけてその人に最適な場所を探すのだと説明した。再就職先を見つけてやることで、彼らは失業による財政問題に直面することなく胸を張って去ることができる。ウィリアムズは、そういった結果を支えるプランニングが彼の会社の文化を強化し、チームのあらゆる人にさらにポジティブな将来を保証すると信じている。

プランニングの目的は成功のみ

　計画がなければ、リーダーは舵のない船を指揮する羽目におちいりがちだ。そのうえ、他人の計画に船をハイジャックされ、その航路に進ま

5 ｜ 将来計画　　129

されて悲惨な結果となることさえある。このハイジャックはさりげなく発生し、気づかないうちに進行して手遅れとなってしまう。それはクライアントからコアプロジェクトではない仕事を依頼されるような小さなことから始まる。あるクライアントからデザイン会社に新しいプロジェクトをやってほしいという要請があるが、彼らはクライアントのニーズに対応できる専門技術を欠いている。そして、そのデザイン会社があまり欲しくないプロジェクトのために本当は必要ではない人を雇ってしまう。クライアントに落ち度はない。彼らに見えるのは、有能なデザインパートナーがクライアントの要求に対応できると言っているところだけだ。やがてデザインリーダーは、広がりすぎて今提供しているサービスでは将来の見込みがない仕事をやっていることに気づく。自分が目指す目標とそこに到達するための方法に焦点を絞っていれば、こういった心を乱す出来事は問題とはならない。問題は、計画がないときである。ではデザインリーダーは、プラスの成果を得るための計画をどのように立てれば成功するのだろうか？

　最初のステップは、計画をその会社が本当に得意なことに合わせ、市場の現実に適合させることだ。文化の強みを知り、市場トレンドを理解して全体像をつかむことが最善の出発点である。スティーヴン・フィッツジェラルドは自分たちのスイートスポットをどうやって見つけたかを説明する。「私たちは現在本当に面白い業界にいて、ここでは長期的に見ると、テクノロジー、プロセス、そして組織文化が今とは異なる形で結びつく必要があると感じています」とフィッツジェラルドは言う。「プロダクトデザイン産業はテクノロジーを使ってプロセスが簡単になることを目指しています。テクノロジー、プロセス、そして文化によって、人々のつながりや組織との関わりを改善し、すばらしいキャリアをもたらし、それらの人々による組織の生産性を高める大きなチャンスのあることがわかっています」。

　戦略を開発することは単にニーズを満たすことではない。それは、ソリューションを考案するための制約条件は何かについて注意深く検討し、そのうえで、どのポリシーとガイドラインを使えばクライアントに

ソリューションを提供できるようになるかを決定することだ。「戦略の開発は、単にテクノロジーを使って給与計算のような何かを簡略化したり、サプライチェーンを簡単にしたりするようなものではありません」とフィッツジェラルドは続ける。「それが今日のテクノロジーが用いられる目的であり、きわめて重要です。しかしそこには、人々が感じる総合的な経験を変えるために、テクノロジーとプロセス、そして文化の組み合わせが用いられています。私たちは組織と人々の関わりを変え、全体のダイナミクスを変えて、もっと繁栄する組織をつくる必要があります」。このフィッツジェラルドが述べた大局的な考えによると、プランニングは、どの技術に重点を置くべきかといった細部にこだわるレベルから、時代を超えて斬新な経験を創造するレベルへと高められている。

それはほんの最初のステップだ。次のステップは、そうした変化を市場にどのように伝え、これらのソリューションの価値を理解させるかである。「私たちは今後5年間で多少の変化を作り出す必要があります」とフィッツジェラルドは言う。「問題は、どうすれば私たちの市場と顧客に、そういう大きな文化的変化の視点で考えてもらえるか、どうすれば私たちが変化をもたらす主体になれるかということです」。これらの課題は、大きなデザイン会社で顕在化しているだけでなく、社内のデザイングループや小規模のコンサルタント会社にとっても同様に重要である。ユーザーエクスペリエンスデザイナーとプロダクトデザイナーは、グラフィックデザイナーやエンジニアと同列に扱われることがよくある。ソリューションを差別化する戦略を練り上げ、それに関係づけられる効果をわかりやすく解説することが大きな課題である。「この業界とわが社のような組織は、テック企業やデザイン組織、エージェンシーの典型例です」とフィッツジェラルドは言う。「その典型例から外れて、適切な話し合いに加わり、組織変更に遭遇して、やっと本質にたどりつくというのは骨の折れることです。しかし、私たちが提供できるものは対象とする組織にそんな変化をもたらすのに不可欠であり、私たちはそのハードルを越えなければなりません」。

デザインリーダーは、状況に応じて適切に対応するために、個々のテ

5 │ 将来計画　　131

クノロジーよりも、プロダクト全体の広がりや組織に関わるソリューションにもっと焦点を当てる必要がある。リーダーは単なるテクノロジー志向、あるいはデザイン志向のコンサルティング会社として知られることよりも、特定のビジネス成果に関わる企業として知名度を上げることに注力すべきだろう。それは、体験的変化でも文化的変化でもよいが、単なるテクノロジーに関するものであってはならない。「わが社は技術スタックを広げすぎたのが間違いだったと思います。たとえば、」とウィリアムズは続ける。「どんな技術にも対応できるフルスタックのテクノロジストになろうとするのは、実際には得意なものが何もないに等しいことだとすぐ気づきました。そうやって売り込むのは容易ですが、最高の仕事をする方法ではありません。範囲を狭めてもっと特化したほうが、良い結果につながりました」。

点を結ぶ

計画には組織に対する何らかのリターンが必要なことは明らかかもしれないが、それがどう実現されるか理解することは価値がある。リターンにはさまざまな形態があり、必ずしも財務的なものとは限らない。非財務的な計画はその性格上、長期になる傾向があり、そのため経営陣の頭にキャッシュフローのような短期ニーズがあると、その対応はもっと困難になるかもしれない。デザインリーダーが計画とリターンの連続性を高めるには、計画が何を目指しているかが組織にいる人たちにもわかるようにしなければならない。リーダーの計画がもたらすリターンがチームの目に見えないと、メンバーは計画目標の達成に必要な行動を変えるやる気が十分に出ない。文化やブランドに特化する計画のリターンを測ることが難しく、計画が簡単に無視されるのは、このやる気の低さが真の原因である。財務と目に見えない成果の関係は表現するのが難しいこともあるので、デザインリーダーは、このメッセージを明確に伝えるために、コミュニケーションを強化することが肝心だ。

計画をチームに矛盾なく効果的に伝えることは、あらゆるデザイン
リーダーに不可欠なスキルである。他のみんなが関わるようにビジョン
を伝えるのは、ただのプレゼンテーションやスタジオの壁に貼られたモ
チベーションアップのポスターではない。Makeのサラ・テスラは、チー
ムに計画を伝えるための要素を次のように表現する。「それには2つの
ことを組み合わせなければなりません。1つ目はビジネスのビジョンで
す。これは計画作りの正式な目的ではないかもしれませんが、そのビジョ
ンにすべての人が関与することが大事です。2つ目はその下位にある
ものです。それは財務的視点による計画作りで、もう少し財政的な責
任が伴います。あなたは、あまり無茶ができず、チームに次のように言
うかもしれません。“うーん、資金が不足するかもしれません、しかも、
足りないとわかるのは結果が出てからですよ”。いや、そうではなくて、
こう言うべきです。“その分野についてさらに整理しましたが、必ずし
も完全ではないけれど十分健全だから、大きな問題はないと思います”
と」。テスラは、物事が常に変化していることを明確にしている。計画
ができてからも、フィードバックが受け入れられ、遠くないうちに調整
が行われるという認識が必要なのだ。「どちらかといえば、計画作りは、
ビジョンが変化して進歩するためのものです。開放的な姿勢で臨み、執
着してはいけません。どういうビジョンにするか、方向づけは私がしま
すが、最終的にはチームのあらゆる人に手がかりを求めています。前進
するために何がベストか教えてほしいのです」。

　「私は将来を大切に考えています」と話すのはジュール・ピエリである。
「将来を大切にするというのは、改まったやり方を考えているのではな
く、もっとつながりを作るということです。そのために私は、さまざま
なアイデアやテクノロジーに定期的に触れる必要があります。オフィス
から離れて、読書をし、自分が駆け出しのデザイナーだった頃に学んだ
自制心をもって人に話しかけなければなりません。過去、あるいは現在
をデザインしても、誰もお金を支払ってくれません。でしょ？」。ピエ
リは熟練したデザインリーダーで、彼女が日々の思考にデザインの経験
を生かしているのは明らかだ。最初に調査をしてから可能性のあるソ

5　将来計画　　133

リューションに結びつけるやり方が体に染み込んでいる。「CEOとして、私は仕事をするのに必要な情報をどうやって集めるか考えなければなりませんでした。私の場合、そのために常に外に出ていき、外部に目を向けました。顧客と話し、競合相手を見て、自分の会社の能力を見るためです。情報が得られたら、その先のソリューションを得る作業は直感と現実への反応をブレンドするようなものです」。

Instrumentのヴィンス・ラヴェッキアは、100人以上の従業員を収容する新オフィスビルを建てるような長期のビッグプロジェクトで、経営陣がいかにして種々のデータから結論を導き出すかを説明する。こういったタイプのプロジェクトは、財務的な成果と文化的な成果の両方に影響を与える。「私たちは財務目標をきちんと見て、"さあみなさん、新しいビルを建設しますよ"と言うのです」。創造的な作業スペースができるとチームが生み出す仕事の質は一層高くなるため、ラヴェッキアには新オフィスへの投資の大切さがわかっていた。オフィススペース、チームの大きさ、評判、そして仕事の質といった要素がすべて混ざり合って企業に対する評価を作り、その評価で仕事を獲得し続けるのだ。彼はこれらのことがどのようにからみ合っているかを即座に指摘する。「わが社はある一定レベルの成功と財政面の業績を維持することにより、自社への再投資を続けることができます。私たち経営陣はとにかく財政面の数値目標に責任を持たなければなりませんが、一度その目標を設定すると、そこからはただ、目標達成のために全員にプロジェクトとチームを管理させる訓練をするだけです。そういうわけで、私たちは財政面に過度に集中してはいません。それは、ものすごくいい仕事をすればものすごくいい仕事が継続的に手に入り、人々は自然に注目し、私たちと仕事をしたくなると確信しているからです。私たちは、圧倒的な仕事をすることで需要を創出し、常に需要があるように供給を管理しています。雇用の規模については計画的で、膨張しないようにします。金銭的な最大化を望んでいたら確実にもっと大きくなったでしょうが、それについては意図的に慎重を期してきました。

計画を特定収益の成果に関連づける

インタビューしたデザインリーダーの多くは、プランニングに関連した一定のやり方、ルーティンを持っている。熟練したリーダーのなかには、このルーティンが毎日の行動にしっかりと埋め込まれている人もいる。それは習慣といってよいほどだ。これらの習慣やルーティンには計画を生活に組み入れる力があることを、デザインリーダーは何かとよく話題にした。「忙しくて、クライアントの次の6カ月の仕事が予約済みだったとしても、私は絶対に営業活動のペースは落としません。」。ブライアン・ウィリアムズは、自分の将来計画を実行するときの時間の積極的な使い方についてそう話す。ウィリアムズは日々の行動を、これから数カ月先に何が起こるかというレンズを通して見ているのだ。「それが永遠に続くように見えて、営業活動の必要性はないように感じるかもしれません。けれどもあっという間に6カ月が過ぎ、突然セールスパイプラインが空になっているかもしれないのです。とにかく、営業を大事にすべきです」。ウィリアムズの営業に対する考え方の主張を聞くと、彼が常に積極的な営業計画を立てていることがわかる。これはプランニングが年間イベントにとどまらず、定型化やルーティンで強化される毎日の習慣だということを思い出させる好例である。毎日、反省する時間を取ること、そして長期的な目標を日々の活動に関連づけることもまた、デザインリーダーを成功に導く要因となっている。

新しい試みの計画に時間を割き、それを日々の活動と一体化するのは、強い意志がなければできることではない。チームのアイデアを取り入れ、新たな収入源としてそれを製品化する計画作りについて、ジェフ・ウィルソンは次のように語る。「チームとして後押しして市場に出したいプロダクトのアイデアを少なくとも1つ考えるように、各チームに指示します。全チームを招集してアイデアについて考え、それから数カ月かけて一緒にアイデアを検討し、追求するアイデアを各チームが固めるのです」。ウィルソンが次に行うことは、思慮深い計画作りの手本と言

5 │ 将来計画　　135

える。「このアイデアができたら、各チームに３日間を与えます。クライアントの仕事を３日間休んで、会社全体をシャットダウンし、全社でハッカソンをやるのです」。集中できる時間を作ることで、チームは気を散らさずに仕事をやり遂げることができる。ウィルソンはチームに表面的なものを与えるのではなく、彼らの時間の20％をプロジェクトに割り当てるように提案して、会社全体のリソースをこれらのプロジェクトにささげているのだ。この計画の進め方によって、最短でベストの成果を出している。

　こうした影響力の大きいプロジェクトをこのような方法で計画すると、きわめて有効に時間を使うことができるが、さらにウィルソンは、その体験の一部始終に心を躍らせている。チームは価値のある何かを作り出すだけでなく、積極的なチームダイナミクスを強化し、お互いに文化的なつながりを持つようになるのだ。「それはすばらしいイベントで、そのうえとても楽しいことです。みんなが本当に熱中して、３日間とも夜遅くまで起きているのです。これを２年やっていますが、毎年、少なくとも１チームは徹夜をしました……。３日間が終わると、彼らは事業用プロダクトのコンセプトをPRする売り込みをしなければなりません。これはベンチャー投資家に投資を依頼する売り込みのやり方に似ています。自分たちのプロダクトのコンセプトを売り込み、プロダクトのデモ、３日間で達成できたことすべてのデモを行わなければならないのです。私たちの前で実際にデモを行い、同じことを審査員の前で行います。今年はSuperFriendlyのダン・モールとBig Seaのアンディ・グラハムに審査員として来てもらいました。合計６人の審査員がさまざまなプロジェクトの審査と優勝者の選定を手伝ってくれました。優勝チームにはクライアントの仕事を２カ月間免除する特典を与えて、彼らのプロダクトのMVP[4]を作り上げてもらいます。そして、プロダクトを実際に市場に出せるようにするのです。そのプロダクトが将来会社に収益をもたらしたら、その１％をチームに進呈します」。

――――――

＊4　　MVP（Minimum Viable Product）：顧客に価値を提供できる最小限の製品や、それを使ったアプローチ。

営業活動と副産物プロダクトだけが利益拡大の成果を得る方法ではない。知恵やサービスをパッケージ化することも、新たな収益源のプランニングに同様の効果を発揮できる可能性がある。数年前、私たちはアプレンティスプログラムを立ち上げたが、それはすぐにFresh Tilled Soilの新たな人材の供給源となった。数回のセメスターを経るあいだに、プログラムは何十万ドルもの収入を会社にもたらした。私たちの経験は珍しいものではなく、他のデザインリーダーたちも業界に関する知識を生かして、ティーチングとアプレンティスシップのプログラムを構築している。ジェイソン・ヴァンルーのEnvy Labは、自社のオンラインのデザインスキルプラットフォーム、Code Schoolを100万ドルビジネスに発展させ、それは最終的に3600万ドルでPluralsightに売却された。「現在、私は教育に情熱を注いでいます」とダン・モールは話す。「それにいちばんの満足を感じます。SuperFriendlyは小さな会社で、私と従業員1人だけです。従業員1人から大きくする計画はありませんが、今やろうとしているのは、アプレンティスプログラムを運営することです。9カ月間のアプレンティスプログラムを、デザインや開発の価値は知っていても実際を何も知らない人たちと一緒にやるのです。私の目標は9カ月で彼らをゼロから一人前にすることです。将来は、すべてうまくいけばの話ですが、フルタイムのアプレンティスプログラムや他のビジネスを運営するつもりです。SuperFriendlyエージェンシーは従来型ビジネスですが、SuperFriendlyアプレンティスシップ、SuperFriendlyアカデミーなど何でも、自社ビジネスにできます」。こうした成果の将来予想は、それによって組織文化の価値が高まり、収益が拡大し、コミュニティ全体のレベルを向上させるため、利益を2倍あるいは3倍にする効果がある。

もっと大胆に賢く

デザインリーダーとのインタビューで、若い頃の自分にアドバイスす

るとしたら、どんなアドバイスをするかと尋ねた。「私も最近、それに
ついて考えていたところです。というのは、私は20代の頃、当てもな
く多くの時間を費やし、音楽を演奏したり雑用をしたりで、本当に頭
の整理ができていなかったのです」とSmallboxのCEOジェブ・バナー
は話す。「物事がいろんな意味でうまくいき始めたのは、妻と出会って
からです。若い頃の自分には、多分"混沌をもっと楽しんで、ひどい経
験は忘れてしまえ。オープンさを楽しめ"と言うでしょう。そしてこう
も言うでしょうね。"恥ずかしがるな。人見知りするな。危険に身をさ
らすのを恐れるな。大胆になれ"と」。

　不明瞭な時代のプランニングに対するアドバイスには、もっと実際的
なものもある。あなたがFunsizeのような駆け出しのデザイン会社を
やっていたら、パートナー銀行が困ったときに支援してくれた経験も歴
史もないかもしれない。そんなときの最高のアドバイスは、現金を神様
のように扱うことである。「そう、最初にやったことは」とアンソニー・
アルメンダリスは言う。「アメリカン・エクスプレスのクレジットカード
を入手し、信用枠を確保することでした。他のデザイン会社と話をして
帰ってきて"よし、融資枠を使おう"とよく言ったものです。しかし、私
たちは起業したばかりだったので、最初の年の税金申告をやっていなく
て、そのため融資枠を使えなかったのです。いったいどうすればいいか？
いや実は私たちは、何らかの理由で今日仕事をすべてなくしても6カ
月間の給料をカバーできるように、いつも3〜6カ月分のキャッシュを
銀行に預けていたのです。そんなに大金を預金しておくのは必ずしも
好きではありませんが、そのおかげで、そんな状況にもびくびくせず
に済みました」。財務の知識を養ってキャッシュフローを維持すること
は、実際に役立つばかりかビジネスを黒字に維持し続けるための必須事
項である。こうした基本についての正しい指導を受けることによって、
月々何とか乗り切っていくだけではない、健全なデザインビジネスを運
営することができる。

　何ものも現実から逃れることはできない。たとえ大きくて困難、大
胆で独創的な目標があっても、目的地に到達するためのロードマップが

必要である。より良い将来のための計画作りとは、実際的になることを意味する。大きな目標には大きな計画が必要とされる。「私はビジネスを動かす方法を変えるために計画を作ります」とバナーが彼の長期計画について話す。「仕事場が混乱していると強く思うのです。あるカンファレンスで誰かが、仕事に熱中している従業員は20％と話していましたが、それは私にとって大きなチャンスですね。本当に意味のあるブランド体験を構築したいのなら、従業員やクリエイターの体験から始めなければなりません。今やっていることはすべて、"どうすれば関連会社やクライアントだけでなく、従業員にとって意味のある体験を作れるか？"という問いに近づくためのものです。こういう計画はソートリーダーシップのレベルにはまだ達してないので、ソートリーダーの領域に自分を追い込みたいのです。もっと執筆する必要があります。今年中に本を書くつもりです。7月に1カ月の休暇を取り、少し自分を振り返って執筆しようと思います。今はアイデアの概略を大まかに書いていて、それがどんなものになっても受け入れるつもりです」。

状況に応じて変わり続ける

　デザインリーダーの立てる計画が大きなものであれ小さなものであれ、その時点でのマーケットニーズに接続させることが必要である。価値を提供するためのテクノロジーや方法論、そしてスキルが絶えず変化するなか、おそらく最大の課題はクライアントとの関係を維持することだ。「非常に高いレベルで、状況に応じて変わり続けることが最大の課題です」とアルメンダリスは言う。「これは最近私がやったプレゼンテーションの中心テーマでした。歴史を振り返ると、初期の頃のデジタルプロダクトのデザインは、異なるスキルの寄せ集めのようなものでした。オーサリングツールとアニメーション制作ツールのおかげで、私たちはモーショングラフィックスを多少わかっていて、サウンドやオーディオ、またインタラクションデザインやビジュアルデザインについても少々知

識があり、これらのツールをすべて使っていました。やがてWebがさらに成熟してiOSがリリースされると、私たちのスキルの範囲が少し狭まりました。私たちはこの非常に幅の狭いスキルセットを成長させてきたのです。しかし、ユーザーインターフェースだけでなく世の中のデジタルプロダクト全般において、このテクノロジーが進歩する様子を見ていると、もし幅の広いスキルセットを横断的に注視していなかったら、私たちはすぐに置いてきぼりになっていたと思います。スピードが大変速いので、3年後とは限らず、これから1年後かもしれません」。

　1つか2つの分野に集中するのは気が進まないかもしれないが、変化する景色に先んじるにはそれが唯一の方法である。何十もの分野に活動を広げても、すべての人を幸せにすることはできない。あらゆる人との関係を保とうとするのは、無関係なことに等しい。「仕事場で私たちはデザインだけをやっているので、こう言えばもっと納得できます。私たちは、単純なPSDファイルやワイヤーフレーム、そしてプロトタイプを扱う仕事からもはや逃れられないことにすぐ気づきました。テクノロジーとデザインの仕事の隙間を埋める方法を工夫し、エンジニアが彼らの環境で話をして仕事をするのと同じ言語を使う、そうしなければ、状況に応じて適切な対応を取ることはできません。これまで、たくさんのデザイン組織がそれで苦労するのを見てきました。そのためには、将来に向けてのさまざまな計画作りが必要です。この分野では常に新しいスキルを開発しなければならないのです」。

おわりに

　計画作りは単独で行う活動ではない。デザインリーダーは、人の助けを借りずに将来の課題に挑戦することを期待されているわけではない。最高の計画は、デザインリーダーが彼のチームやアドバイザー、またパートナーの意見を取り入れることから生まれる。インタビューによって、外部からの情報提供を信頼するリーダーが最も成功を収めていることがわかった。「率直に言って、私たちがやっていることはパートナーがいなければとてもできないと思います」と言うのはDevbridge Groupの共

同創業者、アウリマス・アドマヴィチュスだ。「会社を設立したときは5人でした。今ではビジネスパートナーが8人になるまでに成長しました。自分だけ、あるいは創業時の3人だけだったら、現在のわが社にはなれなかっただろうと本当にそう思います。また私たちにとって非常に重要だったのは、特定分野ではるかに高度なスキルを持つパートナーを迎え入れることでした。私たちは実際の経験がないのにこのビジネスを始めました。テックとデザインは知っていましたが、ビジネスをどう育てるかはわかっていなかったのです。成長の階段を上ってパートナーを加えるとき、その業界の並外れた人材、あるいはある分野のエンジニアリングでよく知られた人物を探しました。そうやって、ロールス・ロイスでプロダクトオーナーだった人に来てもらったのです」。アドマヴィチュスは、チームの成長に伴い、ビジネスの成功のために特定のスキルを持つ人材を雇用する積極的な計画作りを行ったことを説明する。「こうすれば、チームを組むときに、組織を本質的に異なるレベルに高められる人材を加えることができます。そのうえで、組織の株主による機能委員会を立ち上げました。現在はまた、外部アドバイザリー委員会を作ろうと考えています。その委員会には、この事業が成長するあいだに関係を築いた人、たとえば私たちが投資しているベンチャーのパートナー、本当に尊敬している友人、将来私たちを助けて指導してくれそうな人に来てもらえるでしょう」。

5 ｜ 将来計画　　141

この章のポイント

→ 優れた計画にはまず、明確なビジョン、基本理念、価値観、そして行動ステップが必要である。

→ 計画を立てることにより、ビジネス活動に集中して、気を散らす妨害を避けることができる。

→ 計画作りはチームスポーツだ。パートナー、アドバイザー、メンター、そしてチームメンバーの力を借りよう。

→ 未来は不透明であるため、計画をそのまま維持することはできない。絶えず変化する未来に合わせるために十分柔軟性のある計画を立てよう。

→ 将来のための計画作りとは、多くの場合、うまくいく文化を維持する方法を見つけることである。

→ 大きな目標にはやる気を出させる価値があるが、明確な計画があって初めて達成されるものだ。

→ 会社とチームは直線的には成長しない。急成長期とその間の低成長期のための計画を立てよう。

→ 長期計画は流行の先端ではないが、今でも会社とチームに価値を回収する最善の方法である。

6 | リーダーシップスタイル

はじめに

　幸いにも私たちは一人ひとり違っており、第1章で学んだようにその多様性によって組織は強固になる。多種多様な考え方が、健全で広がりのあるアイデアをもたらすことに異論はないだろう。しかし、まだ問題は残っている。それは、他に比べて絶対にうまくいくリーダーシップスタイルはあるのか、ということだ。

　私たちはインタビューで、良い結果を生んだリーダーシップスタイルを明らかにすることを目指し、デザインリーダーに自らのリーダーシップスタイルについて尋ねた。また、そのスタイルがもたらした結果について質問し、そのうえで、彼らのチームがそのアプローチに賛成しているかどうかを調査した。リーダーとチームの見方を対比することにより、私たちはどのスタイルが最も功を奏したのかを確かめることができたのである。

失敗の贈り物

「リーダーシップの観点から考えると、自分のやることの大半は失敗だと思っています」とZurbのブライアン・ジミィェフスキは言う。「私はしょっちゅう失敗しています。ベーブ・ルースを引き合いに出すのが好きなんですが、彼はずばぬけた野球選手でした。膨大な数のホームランを打ちましたが、ホームランと同じくらい三振もしています。何とか打率3割を達成し、それはつまり、世界の打撃部門のベストプレーヤーであっても、たいていは空振りをしていたということです」。失敗をリーダーシップスタイルと見なすのは違和感があるかもしれないが、ジミィェフスキはそんな見方をする。成長思考〔能力は自分の経験と努力によって開発できるという考え〕を受け入れ、失敗の瞬間を学習の大事な機会ととらえることにより、彼は成功を収めているのだ。「リーダーシップの視点で考えると、成果のよし悪しは別にして、私たちが従業員を成果主義によって導くとき、リーダーの答えはいつも正しくなければいけない、リーダーは正解を持っているはずだという期待を担っているのです。次の段階に進むために私が毎日やっているのは、フィードバックにもとづいて調整と修正を行うことで、フィードバックを私たちの仕事に取り込み、どうすり合わせられるかを確認します。やることはまったくそれだけです」。

リーダーの多くは、いつも正しくありたいという気持ちを手放すのに苦労しているように見える。この感情をもたらすのは、正しくありたいという欲望ではなく、間違えるかもしれないという恐怖心である。「私が会社を立ち上げたのはかなり若い頃でした」と話すのはニューヨーク市にあるBarrelのピーター・カンだ。「私は23、パートナーは21歳で、協力し合うことや初めての従業員と一緒に働くことをあまりよくわかっていませんでした。おびえていたのです。その言い方がぴったりの心理状態で、恐怖に駆られて業務をこなすことがよくありました」。恐怖が障害となっていることを認識したのが、カンの個人的成長の出発点

だった。カンとパートナーは万事心得ているふりをしたために、ビジネスを常に細部まで管理しなければいけない状況に追い込まれていた。こうしたマイクロマネジメントは人を消耗させる。これではうまくいかないことに気づき、失敗に慣れなければいけないと自覚することによって、彼らは真の理解に至ることができた。「最初のうちは、人にお金を払って仕事をやらせていると考え、彼らがやっていることを信用できるか確信も持てませんでした。それはひどい考え方です。ご存知のように、最高の仕事がもたらされるのは、成長の余地があると部下が自ら感じ、細かく管理されない環境があるときだと言われていますから」。

カンはさらに続けて、そんな創業期から、彼のリーダーシップスタイルがどう発展したかを説明した。「今では部下の後ろからのぞき込むようなことはありません。彼らが最高の仕事をすることを信じているからです。それがわかるのに時間がかかりました……。そんな環境を作ったので、私が近くにいなくても仕事は進むと考えて、今は安心しています」。他の人が最高に創造的になれるように、うるさく干渉されない場を作るというこの考え方は、カンとBarrelに特有のものではない。成功したデザイン会社の多くが従業員の自主性を尊重することを優先目標と考え、自主性尊重の精神を育み強化するようにリーダーシップスタイルを調整している。こうすることによって、デザインリーダーはビジネスを全面的にコントロールする必要がなくなる。その代わりに彼らは、チームが得意分野の仕事を続けるための信頼し合える環境を作り出し、カンのようなリーダーはもっと戦略的な課題に集中できるようになる。「大きく成長したような気がします。長い間、自分も参加しなければ、影響力を発揮しなければ、といつも考えていたのです」。

「それは祖父から学んだのだと思います」。トロントにあるDemac MediaのCEOであるマット・ベルトゥーリは、何もかもわかっているべきだと思わずにリードする方法を、どうやって学んだかを回想する。「うちは北部オンタリオで室内装飾のデザインを手がける商売を手広くやっていて、私はそこで育ちました。ベビーシッターとか託児所のようなものはなく、私はオフィスの奥の部屋で大きくなりました。祖父、祖母、

6 ｜ リーダーシップスタイル 145

両親、それに兄弟が家業に精を出すのを目の当たりにしてきたのです。客がしょっちゅう出入りして他人の家に上がり込むような、とても賑やかな環境で成長したわけです」。ベルトゥーリは自分のビジネスを始めて6年になる。ビジネスに試練をもたらす失敗の味を知っている彼は、祖父母と両親がどうやって家業をうまくやってのけたのか、今でも不思議に思っている。「母にいつもこう言うんです。"いったいどういう風にやっていたのかわからないなあ"と」。成長思考を持つということは、失敗しても構わないという事実を受け入れることだ。「祖母に同じことを言ってもただ軽く受け流すだけで、いまだにこんな調子です。"あんたにだって、自分がいったい何をやってるのかわからないでしょう"」。こんな何げない珠玉の発言は意外に重要なものだ。失敗を避ける魔法のような方法があると考えていると、リーダーは悲痛な思いをすることになる。成長をもたらす健全な考え方とは、失敗を受け入れ、不測の事態はもっと良いものを手に入れるための過程にすぎないと考えることである。「リーダーシップなんて言葉はどうもしっくりきませんね」とベルトゥーリはつけ加える。「私は単なる毎日の行動ととらえてるんですが、他の人はそれを聞いて、何らかの肩書や責任を持つリーダーだと考えるのかもしれません。どちらにしても、あまり大した違いはないですがね」。

インタビューしたリーダーに共通して見られたのは、学習志向の考え方だった。デザインリーダーの75%は、自分の考えが柔軟で成長志向だと主張している。そして25%が自分を「超順応型」あるいは「カメレオンタイプ」と表現している。私たちの調査はその性質上、成長と学習に対して最も意欲的なリーダーを惹きつけた可能性があるが、そうであったとしても、多数の生涯学習者が見つかったのは幸運だった。しかし、静的なタイプのリーダーが失敗に直面してどう行動するかという視点で探ることはできなかった。私たちに言わせれば、失敗にうまく対処できないリーダーは、おそらくあまり優秀なリーダーではない。健全な心を持っていれば、失敗の反面は学習することなので、失敗から学んだ優秀なデザインリーダーが他の人のメンターやロールモデルとなるのは不思議ではない。インタビューしたリーダーのほとんどが頻繁に著述し、カ

ンファレンスで講演し、他の人のメンターになっている。

「私のスタイルは教師風です」と言うのはXPLANEのデイヴ・グレイだ。「かなり無干渉主義の教師で、人が学んで物事を理解する仕組みを作ることが好きなんです」。これは非常に役に立つポイントだ。失敗が起きるたびにデザインリーダーが立ち会って、洞察力のある指摘をするのは難しい。教師がいないときの学習を支える環境を工夫するほうが、はるかに効果的なアプローチである。これを行うにはいくつか戦略が必要だが、たいていは模範を示して指導する手法が用いられる。「リーダーとしての私の強みは、部下を鼓舞し勇気づけることです。私が仕事の模範を示し、部下から、そんな風になりたい、あなたのような仕事をしたい、あなたみたいな人になりたいと言われたいのです。ですから、ただ教えているだけではなくて、自分も実践しています」。私はこのやり方が大いに気に入っている。リーダーとして、問題が起きるたびに飛び込んで解決したい気持ちを抑えるのは難しいことがよくある。自分自身を教師と考えれば、教えてから一歩退いても構わないことになる。たまには失敗して、生徒が教訓を学ぶのもいいだろう。

実例で模範を示すことには課題もある。いつも自分でやっているだけで権限を委任しないと、チームが自らの経験から学ぶ機会を妨げ、彼らを信頼していない印象を与えることがある。「他の人の仕事に口を挟まないようにしています」とグレイは話す。「私には批判的になる傾向があり、その欠点をカバーするようにしています。自分自身の仕事にもとても厳しく、一種の完全主義者なので、他の人の仕事を見るときにはその点をやわらげるようにします。批判的に見えないように、相手の仕事の気に入らない点も好きな点も全部話すのです。もちろん自分の良い点を自分に言い聞かせたりしませんが」。失敗もいいものだが、だからといってリーダーはネガティブなことだけに焦点を合わせて当然というわけではない。すべてのことにおいてバランスを取ることがここでの教訓である。デザインには批評が必要だが、何もかもネガティブである必要はない。ポジティブなことを探してポジティブな教訓をしっかりと学ぼう。失敗だけではなく。

つながりを保ってリードする

　現代の組織には多くのグレーゾーンがある。そういった曖昧な領域の1つは、どのようにしてリーダーが自分とチームメンバーのあいだのつながりを作っているかである。「私はとてもざっくばらんな性格で、仕事仲間と友達になるのが大好きです」と言うのはBancVueのスコッティ・オマホニーだ。「彼らは家族同然です。私は自分のチームに夢中になっていて、チームを守りたい気持ちが強く、率直なんです」。従業員やスタッフと友人になるのはリーダーシップ戦略としては良くないと言われ続けてきたが、これが正しいのかはよくわからない。ただ、私たちの観察によれば、デザインリーダーの多くは一緒に働く人たちと親しい友人関係を築いている。これはリーダー全員に共通の特徴ではないが、デザインリーダーのオフィスへの訪問でしばしば観察された特徴である。こうした友人関係は、リーダーの仕事仲間に対する関心と思いやりから生まれているように見える。これらのリーダーは伝統的なよそよそしい上司−従業員関係を保っているのではなく、職場の内外で部下の生活に心からの関心を示していた。

　「部下は私についてすべてを知っています」とオマホニーは話す。彼のチームが彼のことをもっとよく知って、お互いに個人的理解を深められるように、オマホニーは従来とは違う方法でチームに心を開いて自分のことを話した。「ここBancVueで、私は自分自身についてのプレゼンテーションを行ったのです。私の経歴とどういう経緯でここに来たか、どこからインスピレーションが湧くのかといったことです。今はチームメンバーに同じことをやってほしいと頼んでいます。他のメンバーに、自分の経歴や自分がやる気を感じることについて公表するように依頼しています。それが他のメンバーにとって非常に重要で、チームの助けになると考えるからです」。この発想は例外的なものではない。相互紹介形式のプレゼンテーションは成績の良いチームに多く見られ、ほとんどの場合はトップが先導していた。nGenのようなリモートチームを抱える会社では、個人的な話を伝え合う手段はSkypeだった。従業員は、

個人的に関心があってチームにとっても意味のある話題をチーム全体に紹介するのだ。数社のデザイン会社では、新しい従業員が自分の経歴や興味、経験をチームとシェアするのにKnow Your Companyのようなツールを利用していた。Fresh Tilled Soilでは、Know Your Companyなどのツールと全社ミーティングを組み合わせて用いており、従業員は自分の関心事など自己紹介したいことを公表できる。

　デザインリーダーが自分自身についてオープンで率直であると、結果として、そのチームメンバーも同じように振る舞うことが多い。あなたが他の全員と同じレベルでやっていても、リーダーとしての地位を放棄していることにはならない。「ある点では自分を同僚と見なさなければなりません。私はグループのただの一員なのです」とVigetのブライアン・ウィリアムズは説明する。「最初は誰もが友達というほどではありませんが、確かに家族のような優しいタイプの環境です。でも私たちは家族ではなく会社であり、その区別は重要です。私の兄はビジネスパートナーで妹はリクルーティングを担当していますから、家族的な面がありますが、ファミリービジネスというレッテルは、私たちが野心的ではないという印象を与えるので嫌いです。私たちの会社はパパママ・ビジネスではありません」。ウィリアムズの区別は的を射ている。あなたは昔からの「ファミリービジネス」のレッテルは回避しつつ、自分のビジネスチームを家族のように扱うことができる。

　Vigetのような会社では、従業員とのつながりを維持するのは、従業員に敬意を持って接し、サポートが必要なときには面倒を見ることにすぎない。ウィリアムズと話をして、彼がVigetで従業員を家族として大切にしていることは明らかだった。「それは私のリーダーシップスタイルによく表れていると思います。会社の従業員と深く関わっており、全員と交流したいと思っています」。Vigetは70人以上の従業員を抱えており、それほどの規模のエージェンシーで、ウィリアムズが時間をかけてスタッフ全員との1対1の面談を行うのは驚くべきことに思えるかもしれない。ウィリアムズはこの従業員への時間の投資を、リーダーシップスタイルとマネジメントスタイルをはっきり区別するために使っている。

6 ｜ リーダーシップスタイル　　149

「いまだに全員の1on1の年次レビューをやっているので、同僚から苦情が来ています。けれど私はこの時間を、会社だけでなく業界の状況を把握するためのものと考えていて、あらゆる面談でたっぷりと学んでいます。一緒に仕事をしている人たちを大いに尊敬しているのです。30分間一緒に座って、どうしているのか、何を考えているのか、そして何に夢中になっているのかを聞くいい機会です。それはマネジメントではありません。すばらしいリーダーシップのための会話で、負担だとはまったく思いません」。

　また逆の効果もある。年次レビューによって、チームはウィリアムズから学び、彼のリーダーシップスタイルを知ることができるのだ。彼らはまたウィリアムズに、何がうまくいっていて、何にもっと力を入れたらよいのかを伝えることができる。ウィリアムズは360度評価のようなことをやりながら、自分のリーダーシップへのフィードバックを求め、それを成長と改善に役立てている。「今は非常に忙しいので、少しフィードバックが多すぎるとは思います。しかし良いフィードバックです」とウィリアムズは言う。彼はこうした会話が会社にとって最善のリーダーシップスタイルを生み出すための良いヒントを与えてくれると感じている。彼はまた、リーダーシップスタイルについての会話でもっと長期的展望に焦点を当てる方法があることも認識している。「さらに先を見越すために、カンファレンスに出席したり、他のCEOやアドバイザーに会ったりしています」。ウィリアムズは他のリーダーに会い、日々のビジネス課題への対処法を聞くことでひらめきを得て、時宜にかないつつ発展するリーダーシップスタイルを生み出すことができるのだ。

　戦略的リーダーシップを単なる利益を超えた大きな成果に結びつけることは、私たちが繰り返し何度も耳にしたテーマだった。会社を大家族と見なすことであれ、成功した人たちのコミュニティを作ることであれ、後世に残す「遺産」を作り出すことがデザインリーダースタイルの大半に見られる要素になっていた。「私は実は、協力的で創造力のあるコミュニティを作ったことで人々の記憶に残りたいのです」と話すのは、ボストンに拠点のあるKore Groupの共同創業者カレン・デンビー・スミスで

ある。「本当に、私たちの仕事のクオリティー以上にそれを望んでいます。クオリティーよりもっと大事なものは、仕事を一緒にする人たちとその人の個性に対する敬意です。Koreは本当に人を大切にして人間関係を尊重する会社だということが歴史に残ってほしいのです」。この数十年のあいだにビジネスは大きな変貌を遂げた。会社が従業員やクライアントより収益を優先する世界でかつて暮らしていたことが異国の話のように思える。私がナイーブなだけで物事はそれほど変化していないのかもしれないが、優れたデザインリーダーシップの中心には人がいるということは断言できる。人に敬意をもって接することが、立派なデザイン組織を創る第一歩である。

強硬なアプローチと穏やかなアプローチをバランスさせる

　このトリプルボトムライン〔経済的側面、社会的側面、環境的側面の3つの側面から企業を評価して持続可能性を高める考え方〕の文化を育てようとする熱意を、ヒッピー哲学のようなものだと誤解してはならない。私たちが会ったリーダーたちは、チームメンバーにとっていつでも話せる存在だが、厄介ごとが起きるとしたたかになる。「私は普段はざっくばらんですが、必要なときには厳格になります」とFastspotのトレーシー・ハルヴォルセンは言う。「私とビールを飲めることはみんなわかっているはずです。世間話もできます。しかし、リーダーは必要なときに厳しい決断を迅速に下す必要があるといつも考えているのです。そうしないと損害を拡大する可能性がありますから」。ハルヴォルセンは続けて「陣頭指揮の厳しさ」とマイクロマネジメントとの違いを説明する。「チームに対して困難な選択をしなければならないときは、細かいマネジメントをやるわけではありません。私は全員に多くの自由があるチームを作るのが好きですが、チームが良い仕事をできるのは文化を大切にするときに限られ、その文化が彼らを支えるのです」。この最後のポイントは、成功したデザイングループのすべてに観察されたことを再確認するものだ。そういったグループは、デザインの手法でソリューションを提供するビジネスのように運営されている。彼らはたまたまそのビジネスに加

6 ｜ リーダーシップスタイル

わっているだけのデザイナーではない。こうしたリーダーのリーダーシップスタイルの特長は、面倒見が良くて親切だが、価値を届けて事業を財政的に健全に保つことにも同等の重みを置いていることである。リーダーは育成と厳しい決断を両立させる綱渡りをしているのだ。成果を上げるデザインリーダーは、こうした反直感的なスタイルをいつも念頭に置きつつ、いつ抱きしめていつ叱るべきかを心得ているのである。

　頑固者になるべきときと優しい子犬のようになるべきときを知ることは容易ではない。デザインには細部への気配りが必要である。デザインリーダーは開放的で人を信じやすく、共感的な性格であることが多いが、それと同時に、自分の専門技術については負けん気が強くて厳格な頑固者にもなり得る。細かいことをやたらと気にして、他の人がデザインの専門用語を理解しないとイライラする。デザインリーダーの多くは、デザインの近視眼的な職人芸と、新しい破壊的アイデアをもたらす成長志向の開放性とのバランスを探求しているように見えた。「私たちがやっていることの透明性は高いのです」とカレン・デンビー・スミスは話す。「しかし一方では、理論的なデザイン哲学の基礎がしっかりしている人を求めています。ですから、タイポグラフィと色彩理論のヒエラルキーを理解していないと、Kore Groupではうまくやっていけないでしょう」。デザインのハードスキルとソフトスキルのバランスを取ることが、優れたリーダーシップの課題である。どのタイミングで職人的細かさを忘れて、デザインビジネス経営という長期的展望に焦点を当てるのがよいかをわかっていることが、成功するリーダーシップスタイルの重要な特徴となっている。

　リーダーが繰り返し指摘したのは、デザイン会社とそこで働く従業員との信頼の契約である。「それは心のこもった指導だと思います」。ポートランドにあるInstrumentのパートナー兼ゼネラルマネージャー、ヴィンス・ラヴェッキアは語る。「いかにも嘘っぽく聞こえるでしょうが、私はただ部下とつながって彼らを理解したいのです。私は他人の気持ちがよくわかるタイプなので、部下との関係を深めて信頼感を育てることができます。そして、そこからこの取引が生まれるのです。彼らは1日

に8時間ここに来て、私はそれに対して報酬を支払いますが、それ以上のものがあります。私たちはたくさん与えていますから、もしこの取引を信頼のレベルに維持できたら、多くの見返りを得ることになります」。彼らがサービスとお金を交換するビジネス環境のもとにいることは明白であっても、そのためにラヴェッキアのようなリーダーが、雇い主と従業員のあいだに信頼が必要だという事実を見失ってしまうことはない。「私のリーダーシップスタイルは、この信頼関係を常にバランスさせることです。私が全従業員のお眼鏡にかなって親しくなれたら、私はやるべきことをやっていると感じるでしょう」。これは、Vigetのブライアン・ウィリアムズやFastspotのトレーシー・ハルヴォルセンなど、他のリーダーの発言と響き合う言い方である。強い個人的関係が信頼につながり、それがビジネスに良い結果をもたらすのだ。次の発言もまた、単なるラヴェッキアへのリップサービスとは思えない。「ラヴェッキアは会社の魂、心の支えです」とInstrumentのCEOでラヴェッキアのビジネスパートナー、ジャスティス・ルイスは話している。

　これらのリーダーは、チームにどんな人がいて、彼らを行動させる動機は何かを知ることに時間をかけている。そのために不可欠なのは、みなが気楽にリーダーに近づけることだ。「いちばん大きいのは私が親しみやすいことだと思います」とBancVueのスコッティ・オマホニーは言う。「私はチームメンバーと気軽に会うように心がけています。一緒に外に出かけてコーヒーを飲んだり、一杯やったり、あるいはただ歩き回ったりします。すぐ近くに湖があるので湖畔を散歩してみなが自分に話しかけやすい雰囲気を作るのです。私は自分のことを、"こうやれ、ああやれ"式の筋金入りのマネージャーとは思っていません。むしろ私は、障害を取り除くためにここにいる人間です。彼らのキャリアを支援するタイプなんです」。他のメンバーの成功を実現することが自分の主な役割だと考えるリーダーは、望み通りの対価を得る傾向が強い。言い換えると、チームが確実に目標を達成できるようにすることが、リーダーのチームに対する唯一最大の貢献である。オマホニーの言葉は、ソフトスタイルとハードスタイルのバランスの重要性を思い出させる。「親しみ

やすいだけでなく、偉そうにして強く言うこともできます。あけすけに言うのです」とオマホニーは話す。「つまり、非常に意識的にやっているわけですが、ほとんどの場合、チームのためにそうしているだけです。チームのメンバーも、私が親身になってチームのことを考えてくれると言うでしょう」。

　ときによって、信頼が先行して構造化はその後になることもある。「私のリーダーシップスタイルは時間とともに明らかに変化しました」と言うのはUncorked StudiosのCEO、マルセリーノ・アルヴァレスである。「以前はみなが、お互いの信頼にもとづいて必要なことをやっていました。部下が5、6人のあいだは任せるのも簡単で、細かい指示を出す必要はありません」。小さなグループは同じスペースに座っているので、基本的に管理が容易なのだ。「部下は今22人で、その他に5、6人のフリーランサーとインターンがいて、合計30人近くになります」とアルヴァレスは思案顔で言う。「だから信頼だけに頼っても……うまくいきません。どんなハイテクの連絡ツールを使っても会話のレベルが上がらないのです。そのため、自分のマネジメントスタイルを見直すことになり、自分には本当に信頼できるコアチームがあることに気づきました。彼らは驚くほど有能です。しかし、私たちが行うべきことやその理由についてみなでしょっちゅう話していないと、魔法のようにそのまま全員に伝わることはありません」。

　これは、著者の私が自らのバランスを取るために学んだ大事なことである。部下を信頼し、彼らがいつも正しく行動するように期待するのは、私にとって自然なことだが、彼らがちゃんと仕事をする保証はない。会社が成長すると、一人ひとりに求められる役割を全員に自覚させるのはますます困難になる。私は時間を取って、各メンバーに私が何を期待しているのかを説明すべきことに気づいた。それは相当な時間への投資だが、その結果は明らかである。

　信頼が生まれるのは、あなたが本物である場合に限られる。つまりそれは、自分が何者で何を大事にしているかについて率直になることだ。デザインリーダーが成果を上げるには、自分自身の進路に関する困

難な選択が必要となることが多い。本来の自分でいることが、自分の肩書よりも強い何らかのメッセージを発信することがよくある。他の人を指導し影響を与えるのにCEOである必要はない。あなたのリーダーシップスタイルは伝統的責任者のスタイルとは違うかもしれないが、それが本物であれば周りの人々の尊敬を得られ、その尊敬が信頼を生み出す。「私はGEのジャック・ウェルチやフォーチュン500社のCEOには決してならないでしょう」とVirgin Pulseでプロダクトデザインを率いるジェフ・クシュメルクは言う。「しかし今では自分のやりたいことがわかっています。それは素の自分のままで小さなチームと一緒に『サーティー・ロック』〔2006年から2013年までアメリカ・NBCで放送されたテレビドラマ〕や『ビッグ・リボウスキ』〔1998年製作のアメリカのコメディー映画〕のセリフを一日中話題にしながら仕事をすることです。それではどこかの大会社の役員室には入れないと思いますが、自分自身に正直でいたいのです」。クシュメルクはチームに対する正直さとオープンさによって、仕事をするのに必要なソフトパワーを得ているのだ。

長期的スタイル

「忍耐強いこと」。バンクーバーに拠点を置くHabanero Consulting Groupのスティーヴン・フィッツジェラルドは、自分のリーダーシップスタイルについて聞かれてそう答えた。「時がたつにつれて、私は物事を長期的に考える傾向が非常に強いことを自覚しました。ライフスタイル・ビジネス〔自分の好きなライフスタイルをビジネスにして、ある程度の結果が出ればそれ以上の利益を求めないもの〕の組織を作っている気はなかったのですが」。今は、企業が複数のボトムラインを考慮し、どうすれば「宇宙にインパクトを与える」ことができるかを考える時代であり、デザインリーダーには単なる給与アップや表彰よりも大きな目標が必要であるのは明らかだ。「それは間違ってはいません。私はライフスタイル・ビジネスを否定的にとらえるつもりはありませんが、Habaneroが重要な役

割を演じられる世界に変化が生まれるべきだと感じています。それは10年や20年で生じるものではなく、もっと長期的に起きるものです。残念ですが、私はそんな長期の役割に適任ではありません」。

フィッツジェラルドの姿勢は、成功したデザインリーダーに共通して見られるものだ。はっきりとした出口戦略を持つ製品会社とは異なり、サービス会社は長期にわたって現状を維持する傾向がある。つまり、サービスビジネスでは買収や新規公開に至ることは珍しいのだ。このため、デザインリーダーシップには選択の余地が少なく、直感に反してはいても、より長期的な価値を顧客に届ける戦略にますます集中することになる。「人の配置転換や交代が繰り返され、着実な発展と成長が見られることでしょう。本当に長期にわたって続く組織を構築する必要があるのです」とフィッツジェラルドは言う。「私たちは組織の持続性についてじっくり考えてきました。人々がやって来て、私たちの文化のなかで訓練し、私たちの考えを共有する、そんな殿堂を築いていることをいつも念頭に置いてきました」。彼はそうした比喩を用いて言いたいことを強調する。フィッツジェラルドは、壁が分厚く先端が天まで届くような建物を自分で建設しているところを想像する。「そこは、人々がやって来て考えを共有する美しい場所です。私たちはそんな組織を構築しようと努力しています。宗教的な意味合いではなく、本当に深く分厚い基礎を築きたいのです。雇用や、文化といったものに多額の投資をするのはそのためです。私たちは、物事が長期的にどう展開しつつあるか、そして私たちはどこに行くべきかについて、多大の関心を持っています。私たちは世界に目的意識と変化をもたらしたいと感じているのです。それには長い年月がかかることはわかっています。そのためには途方もない忍耐が必要です」。

長期的に考えることは容易ではない。とりわけ、すばやい成長を求める周囲の圧力を感じている若いリーダーにとっては困難が大きい。「年を取るほど忍耐強くなるものです。私もそうなって本当によかったと思います」とCrowd Favoriteのカリム・マルッチは話す。「人は若いときほど外に出かけてアタックし、顧客を獲得し、そのプロジェクトを手に

入れたくなるのです」。マルッチには大小いくつかの組織で働いた経験があり、忍耐の価値がよくわかっている。「人はノーと言えるときに学びます。ある機会の提供を受けて、他があるのでと辞退できるときに学ぶのです。さまざまなストレスにうまく対処する方法を身につけるわけです」。マルッチは苦労してこの教訓を学んだ。個人的に43件のエージェンシーの合併吸収を管理し、忍耐が成功のカギだということを知りつくしている。「これまでの私の仕事には、単なる迅速な利益改善のために行った取引と、長期的価値を念頭に置いた取引がありましたが、私は後者を好んでいます」。

多様なスタイルと唯一のゴール

インタビューしたデザインリーダーは一人ひとり違っていた。彼らの経歴、経験、スキル、性別、文化は多様であるため、共通のスタイルを見いだすのは難しかった。だが彼らは、チームを成功に導くという唯一共通の成果を目指し、奮闘しているように見えた。「私のマネジメントスタイルは絶えず変化していると思います」と言うのはUncorked Studiosのマルセリーノ・アルヴァレスだ。「率直に言えば、私はわが社の規模の変化から学んできました。私は自分の1 on 1〔ワンオンワン。上司と部下が1対1で定期的に行うミーティングのこと〕のやり方を変更したところです。以前は1 on 1と私のダイレクトレポート作成を、4週ごとか、5週か6週ごとか、自分が十分だと思う頻度でやっていました。でも今は、毎週の1 on 1にしています。1カ月ほど続けたところですが、それは大きな変化です。この町に住む友人のCEOと話していたところ、彼がこう言ったのです。"1 on 1を全員にやってるよ。すべて同じ日にやるんだ"。そんなわけで、以前は1 on 1を6日か7日かけてやっていましたが、今では25分間の1 on 1を毎週木曜日に行っています。スケジュールの点では、毎週1日をつぶしてしまうことになりますが、実際のところそれが欠点だとは感じません。同じ日に8つの面談をすべてやると、今起きている出来事がわかって、リアルタイムに物事に対処できるのです」。こうしてチームと密接な接触を持つことによって、アル

ヴァレスはチームメンバーを速やかに指導する機会を手に入れた。年次の振り返りミーティングや評価面談を待つ必要がないため、彼のチームは学び、教え、成長する機会、他の組織では夢でしかない機会を得たのである。

　フィラデルフィアにあるSuperFriendlyのダン・モールなどのデザインリーダーにとって、そのリーダーシップスタイルは彼らが築いたオペレーションモデルに適合したものとなっている。SuperFriendlyはチームの管理にハリウッドモデルを採用しており、特定のプロジェクトに対応するアドホック〔その場限りの〕のデザインチームを編成する。プロジェクトごとに新たなチームを編成して立派な成果を上げ続けるには、強靭な神経を必要とする。したがって、決められた時間内に結果を出す人材を集める仕事はディレクターが行うのが適切だろう。「私が編成するプロジェクトについては、私がディレクターです」。モールは自分の役割とリーダーシップスタイルについてそう話す。「このハリウッドモデルは規模をうまく調整できるので、自分が好きなだけチームを作ることができます。100個のチームを同時に作らない理由は、手を広げすぎると指示能力に影響するからです。ですから、取り組むプロジェクトの総数を直接関与できる範囲に絞っています。そうすることで、私はそれらのプロジェクトに集中できるのです。SuperFriendlyの全プロジェクトの要は自分だということがわかっているので、私はそれらすべてのプロジェクトの質を確認しなければなりません。もしそれができなかったら、プロジェクトのポートフォリオが良くないことになり、そのプロジェクトを売ることはできなくなります。私がその要にならなければいけないので、可能な限りプロジェクトの質の一貫性を保つようにしています」。

　プロジェクトを指揮するには、戦術的・戦略的なリーダーシップが必要である。口を閉ざしていたら、あなたはプロジェクトの成果をはっきり知ることはできない。「私は自分のやりたいことやプロジェクトの構想については率直に意見を言います」とモールは言う。「そうしたことを伝えるのに躊躇はしませんが、自分が雇った人が豊かな経験と高い技術を用いて実力を発揮する余地をできるだけ残すようにしています。自

分の仕事は管理人のようなものだと思います。どうすれば最高の仕事をする人を探せるか？　そして、どうやれば彼らが心おきなく仕事できるスペースを作り出せるか？　そういうわけで、ビジネスに関わりたい人もいれば、Photoshopで画像処理の仕事をしたいだけの人もいるので、そのどちらも手助けして、うまく仕事をやってもらうのが私の仕事です」。自分をモールのような映画セットのディレクターと考えるにせよ、ラヴェッキアのようなチームの精神的指導者と見なすにせよ、自分が何を求めているのかをチームにきちんと伝えることが不可欠である。リーダーのほうから明確なコミュニケーションを取ると同時に、部下からのコミュニケーションを奨励するのは当たり前のことだが、そのスキルを備えたリーダーはきわめて少ない。

リーダーは他の人の力を最大限引き出す

　リーダーシップスタイルに関する会話に共通の要素があるとすれば、それは、他の人が仕事をもっとうまくできるよう支援することが全リーダーのいちばんの関心事である点だ。チームに厳しい状況や困難な課題に対処するための精神的・感情的な手段を与えることもその範疇に入る。困難な状況に置かれたら、慎重に行動している余裕はない。リーダーにはチームへの明確なメッセージが要求されるのだ。それほど明白でないのは、他の人が声を出せるようリーダーが支援することが、自分が発言するのと同じくらい重要であることだ。「私にはラディカル・オネスティ〔ブラッド・ブラントンの創始による自己啓発プログラム。嘘をつかず過激なまで正直に包み隠さず話すことで真の親密さが得られるとする〕の要素があるのですが、部下へのフィードバックをそうしようという意味ではありません」とMechanicaのリビー・デラナは話す。「言いたいのは、何が基準と見なされているかを検討して、それをラディカル・オネスティのフィルターにかけるということです。私は、"これをいつものやり方で続ける必要があるかしら？"と部下に尋ねます。そして、それほどでもないと思ったら、"私たちはこれが正しいと思い込んでいるけれど"と言って、多少ラディカル・オネスティになって問いかけるのです。"でも、

それが正しいと信じる必然性があるかしら？ その考えを見直せないかな？"と」。組織メンバーは彼女のリーダーシップスタイルをどう表現するだろうかという問いについて、彼女は思いを巡らしながらこう言った。「おそらく、楽観的だとか共感的だとか言うと思います」。しばらく沈黙が続いた後、彼女はますます思慮深い雰囲気になり、「私はそう思います。いい質問ですね」と答えた。

　他の人の最高の力を引き出す能力とは、自分の慣れ親しんだ思考法を捨てさせることだ。他の人を新しい考え方に導くことが、彼らにさらなる成功を収めさせる第一歩である。彼らを自分の安全地帯から引っ張り出すことがデザインリーダーの仕事である。「それは共同作業です」とAmerica's Test Kitchenのデジタルデザインディレクター、ジョン・トレスは言う。「すべてのアイデアが単一の情報源から生まれるわけではありません。私はあらゆる情報源に問いかけ、アイデアを集めて何がうまくいくかを調べるのが得意なんです」。トレスは、わが国で最も評価されている料理教室で多岐にわたるデジタルデザインの財産と資産を監督しているが、コラボレーションとは他の人に何かをやれと指示することではないと認識している。「お互いを理解して尊重し合いながら協力する必要があります。チームメンバーのアイデアに敬意を払うのです。私はどれもあまり得意でないことを自覚し、どんなアイデアも無視しないようにしています」。

　バンクーバーにあるMakeのサラ・テスラは、自分のマネジメントスタイルについて聞かれると「気楽派です」と答えた。しかし、彼女の力強いアイコンタクトとオフロードバイク趣味の話と照らし合わせれば、とても気楽派とは思えない。テスラは13人のデジタルデザイナーとデベロッパーによるデザインスタジオを率いているが、次のように意見を述べる。「私は細かいところまで管理するマイクロマネージャーではありません。実際に、部下が自分で何をどう進めるか考えるための余地を与えています。それに、そう、チームの全員が私のちょっとした相談相手のような気がしています」。テスラは、細部への対応はチームに任せて、自分は大局的な責任を引き受けている。「私は全体像をつかむために

１万フィートの高さから眺めているのです。そうすることで、何かが軌道から少し外れていても、あるいは大まかに見ていて、自信や未開発のスキルを得るために何か試してみる必要のある人がいても、どこで介入して支援すべきかがわかります。そして私にできることがあれば、そこで介入してできる限りの支援を行うのです」。テスラはあまり何度も割り込みすぎて細かいことにうるさい人という印象を与えることを気にかけている。自社にいるクリエイティブディレクターの話をしてくれたが、彼は以前の仕事でマイクロマネジメントを受けていた。「彼が部屋に入って腰を下ろし、アイデアを説明すると、前の上司にこき下ろされていたわけです。彼はいつもお目付役が後ろにいるように感じていました。干渉型マネジメントの典型です。そんなことのない環境にいると気分が晴れ晴れすると私に言ったことがあります。ここには、お互いを尊重しながら目指す成果について話し合う雰囲気があるのです。あなたが価値のある提案をできたらすごいことですが、人のアイデアも、理解するまでは馬鹿にしてはいけません」。テスラはあらゆるデザインビジネスに当てはまる洞察に言及して話を終えた。「もしあなたが１人で仕事を始めたら、周囲に自分の個性を示すものを築き上げることでしょう」。個人的スタイルはリーダーシップスタイルにきわめて多くの点で影響を与える。成果を上げるリーダーは、自分の個人的スタイルのどの面を育て、どこを変えるべきかを理解している。

　他の人を成功に導く最善の方法は、成功のためのロールモデルになることだと主張する人もいるかもしれない。「模範を示して指導することです」とモントリオールにあるPlankの創業者であるウォーレン・ウィランスキーは語る。「私が思うに、それが最高の方法です。つまるところ私は、チームがやっていることは私が何でも喜んでやるということをチームに知ってほしいのです。私はどんな作業でも平気でやりますよ。私がチームと共にいて、何でも本当に喜んでやることを彼らに感じてほしいのです。どんなことでもして、私のリーダーシップがチームから離れていないことを部下にわからせたいのです」。ウィランスキーは続けて、Plankはいつも本当にフラットな組織で、彼は最初からCEO役を

6 ｜ リーダーシップスタイル　　161

していたために、初期設定でリーダーになっているのだと説明する。「たまたまそこにいてリーダー役をする必要があったのです。しかしそのことは、このチームで仕事をしている他のメンバーより上に立っているとか抜きん出ているとかいう意味ではありません」。

おわりに

リーダーシップスタイルは複雑で多様であるが、表面はともかく、すべてのリーダーが同じ成果を得ようと努力している。それは、指導する部下から最高のものを引き出すことである。彼らが最高の自分になるように指導するのがデザインリーダーの役割なのだ。彼らがそこに到達する道はほとんどの場合、きわめて個人的な旅路である。「私たちのような若い女性の場合は違っています」と話すのはClockworkのCEO、ナンシー・ライアンズだ。「私たちは"ボスのような"という言葉を前向きにとらえる必要がありました。本当のことを言うのは気まずいものですが、私は真実を話すのが好きです。私は実は、リーダーシップスタイルの面から自分について考えたことはなかったのですが、いつも真実を話すので、その点ではリーダーシップがあるでしょうね。ある会社で働いていましたが、そこではかなり従順なタイプと思われていました。でも私は、自分が働きたい会社で貢献したいと考えたのです。思いやりのないところで仕事をした経験が多すぎたのですが、結局はそのことから力をもらっています」。ライアンズはここで一般的な教訓をとらえている。あなたのリーダーシップスタイルは、個人の性格と経験が複雑にからみ合ったものである。ビジネスがそれぞれ違っているので、ある理想的なリーダーシップスタイルは存在しないだろう。「私は自分のチームを心から信じており、私の仕事はチームを力づけて鼓舞することです。彼らも私と同じように人を励まして元気づけたいと思っているのでしょう」。明らかにライアンズの発言はただのリップサービスではない。彼女もまたやるべきことをきちんと実行している。「最近になって自分の机にポストイットを貼りましたが、そこには"あなたのおかげで私はより良い人間になれる"と書いてあります」。

この章のポイント

→ 失敗が個人的な成長と職業的な成長をもたらす環境を創造しよう。

→ チームの教師スタイルのリーダーになることは、自分も生徒として学べる良い方法だ。

→ 模範を示して指導しよう。手を汚して指導し、しかも権限移譲を忘れないこと。

→ 誰もマイクロマネージャーになりたくはない。権限を返上して信頼を築く方法を見いだそう。

→ 1 on 1ミーティングは委任すべきではない。フィードバックの価値があまりにも大きいからである。

→ あなたのスタイルに関わりなく、結局はチームを鼓舞して活力を与えなければならない。

→ 優れたコミュニケーターはまた、良好なコミュニケーションを促す。

→ リーダーシップとは、チームの一部と見なされながらリーダーの地位を維持できることだ。

7 | セールスとマーケティング

はじめに

　このテーマをセールス、ビジネス開発、新規ビジネスといった言葉に言い換えてもいいが、デザインリーダーにとってはどれも同じ成果、つまり成功をもたらすものだ。プロジェクトの機会が次々にやって来るパイプラインがなければ、本書に登場するデザイン会社は存在していなかっただろう。セールスは営利組織を支える土台だが、健全なセールスの影響は最終収益だけにとどまらない。強固なセールスパイプラインと明確なマーケティングメッセージが企業の士気とモチベーションを高めるのだ。インタビューにおいて、ビジネス開発戦略に自信を見せたデザインリーダーはまた、チームとクライアントからの尊敬を得ていることがわかった。

　大半のデザインリーダーがこの責任領域に最も多くの問題を抱えていたが、それは驚くに当たらないだろう。本書でインタビューしたデザインリーダーの多くは、セールスとマーケティングのために何度も眠れぬ

夜を過ごしている。Owner CampやMind the Productのようなデザインリーダー向けのカンファレンスでは、このテーマが多くの出席者の関心を集めていた。首尾一貫した成果を上げるセールス／マーケティング戦略を持つことが最優先事項であることは明らかである。しかし、デザインリーダーは必ずしも新たに取引関係を築くことを得意としていないのが懸念材料だ。デザインリーダーの多くは、デザインやエンジニアリング、あるいはマーケティングの出身であり、インタビュー相手のなかに正式なセールストレーニングを受けたリーダーはほとんどいなかった。実際40％は、セールスをビジネスの成功に欠かせない要素と見なしながら、セールスに直接関わったことはないと認めている。ということは、デザインリーダーの残り60％はビジネス開発を最高幹部の職務と考えていることになる。

　このテーマだけで本を1冊書けるかもしれない。マーケティングとセールスについてはもっと取り上げるべきことがあり、本書には収まりきれない。しかし、このテーマを含めることに決めたのは、ほとんどのインタビューで、デザインリーダーに成功をもたらすコア・コンピテンシー〔核となる能力水準〕として話題に上ったからだ。新しいビジネスの機会を開拓する重要性を考えれば、デザインリーダーが真の価値を組織にもたらすには、このスキルを向上させることが不可欠だと思われる。私たちが紹介する戦略や戦術はビジネス開発の問題に広く使える特効薬ではないが、成功したデザインリーダーが、実際に用いて潜在顧客を顧客に変えた方法である。

　セールスとマーケティングは密接にからみ合っている。昨今の消費者は、サービスや製品と、そのサービスや製品のマーケティングとを区別していない。これはまた、デザインサービスの購入者にも当てはまる。購入者が読むブログ記事は本質的にマーケティングの一部であり、そのデザイン会社の問題解決へのアプローチを知る窓口となる。こうしたインサイト〔消費者の行動原理や意識構造にもとづく購買行動の核心やツボのこと〕は商談のなかでよく言及される。ソートリーダーシップ〔特定の分野で、将来を先取りしたテーマやソリューションについて人々の議論や思想形

成をリードし、考えを深める活動〕の話題は、記事、動画配信、口コミの
いずれであっても、その企業の仕事への取り組み方を描くストーリーと
して受け取られる。インタビューを行った業績好調なデザイン会社では、
セールスパーソンの役割はほとんどすべて、創業者やCEO、リードデザ
イナー／デベロッパー、あるいはシニアストラテジストが担っていたが、
この人物が企業のビジョンや価値、そしてプロセスを表明し、スコープ
と取引の流れを交渉するのである。マーケティングがどこで始まりどこ
で終わるかを述べるのは不可能であり、私たちの見解では、このグレー
ゾーンはますます曖昧になる一方である。セールスとマーケティングは
同一物のように感じられ、これはデザインリーダーにとって好都合だ。
突き詰めると、デザインリーダーとはマーケターおよびセールスパーソ
ンの仕事ができる人だ。デザインリーダーは戦略的ソリューションの話
ができて、クライアントとの関係を築き、プロジェクトチームへのスムー
ズな転換をやってのける人である。そうした関係作りは、重役会議室で
の顔を突き合わせた交渉だけでなく、ソーシャルメディアのなかでも行
われる。このことを頭に入れて、セールスとマーケティング活動に一貫
した努力を注ぐことで、さらに成果を上げることができるだろう。

心を開く

　すべての関係は最初のコンタクトから始まる。デジタルデザインの分
野では、そうした初期コンタクトはほとんどの場合、当然デジタルで行
われる。ブログへの投稿やYouTube動画、オンライン・ケーススタディー
によって、新たな見込み客はデザイン会社と初めて接触することになる。
今や、デザイナーがブログ記事やポッドキャストなどを使って自分のア
イデアや思想を世界に発信するのは当たり前になっている。書くこと、
話すこと、教えることは結局、ソートリーダーシップの手法に他ならな
い。ある専門領域の技術や知識の評判を高めるには確かに他の方法も
あるが、上記のような活動が最も一般的で、しかもいちばん効果的で

7 ｜ セールスとマーケティング 167

あることが多い。しかし、書いて話す取り組みを追求しても、新しいビジネスにつながらない可能性もある。私たちは、このソートリーダーシップ活動がデザインリーダーの組織にとってどの程度有効か、またセールスとマーケティングによる集客にどのように影響したかを知りたかった。そして、インタビューの結果、アイデアを共有することから最終的にプロジェクトが生まれる、あるいはクライアントと連携する価値のある何かが生まれることがはっきりわかった。

「友達関係のように考えるのです。何かを誰かと分かち合おうとすると、その人は心を開いてくれます」と話すのはZurbのCEO、ブライアン・ジミィエフスキだ。彼は長文ブログ投稿の常連で、シリコンバレーに本拠を置く自社のプロジェクトとオペレーションの内幕について頻繁に投稿している。「自分の弱みをもっと見せるようにするのです。人はその弱みに好意を持ちますよ。それをもっと見たいのです。ですから会社の立場でやるときは、自分たちの鎧をはずしてこう言います。"私たちはこういう風に思うのですが"と」。ジミィエフスキによれば、これは実行が難しく、たいていの会社はこんな風にオープンにして新しい関係を築こうとしないという。彼の会社が直面する大小の問題について書くことが、志を同じくするアントレプレナーやデザインシンカーとインサイトを共有し、連携するためのプラットフォームになっているのだ。彼が新たな機会を得るためのアプローチは、Zurbの全社員がマーケターであると認識することから始まる。「あなたは自分の仕事を通してマーケティングをやっているのです。自分の思想を伝える、そうすると人が近づいてきます。彼らは自分もそれに関わりたくて引き寄せられるのです」。従来のマーケティング計画を作る代わりに、Zurbは完全に意図的に、自社のアイデアとインサイトを一般のターゲット・オーディエンスに絶え間なく伝えている。これはZurbに限ったことではない。私たちはインタビューしたトップデザイン会社数社で、このタイプの共有の仕方を目の当たりにした。「自分が行うことすべてをマーケティングと見なせば、テクニックや戦術で特別に対処すべきことはありません。仕事の腕を上げ、心を開いて話し合い、そしてフィードバックをもらってもっ

と優れた仕事のやり方を学びます。それからまたオーディエンスのところに戻って、"ねえ、これどう思いますか?"と尋ねます。このサイクルがマーケティング活動になっているのです」。

　分かち合うことは偶然の産物ではない。それは文化の一部であり、デザインリーダーはチームの他のメンバーの模範とならなければならない。書き、話し、教えることは、デザインリーダーが脚光を浴びるための最も一般的な方法である。大半のリーダーにとって、記事を書くことや人前で話すことはその役割に伴う仕事なのだ。陰に隠れていることは、リーダーとそのリーダーの下で働く者の選ぶべき道ではない。

　このように人々に共有させるには、リーダーの積極的な努力が要求される。ジミイェフスキは、何か価値あるものを共有するには、チームとのオープンな関係が必要と考えている。「私はしょっちゅう部下のデスクに行って、何をやっているのか、何の仕事をしているのか、他の人に知らせる必要があるか、何か新しいことを学んだか、といったことを尋ねます」とジミイェフスキは話す。「それを定期的にやり始めるとパターンが見えてきて、チームでシェアすべきことを部下に伝えられるようになります。それが大事です」。分かち合いの精神を中心とする文化を築けば、グループのメンバー全員が共有することを期待するようになる。それは、誰かがやれと言っているからではなく、当然自分が行うべきことになるのだ。

あなたの仕事自体がマーケティング

　あなたの組織で取り組んでいることを外の世界に発信するには、専門領域のことだけを発信すればよいのではない。デザインリーダーの何人かは、仕事への取り組み方や業務プロセス、クライアントとの関係への期待といったことを隠さず伝えて、透明性をこれまでにない新しいレベルに高めている。「私はセールスの進め方を、やりすぎだと思うくらいクライアントにはっきり伝えています」と言うのはnGen Worksの新共同所有者でCEOのベン・ジョーダンである。「あるクライアントがトラブルの起こりそうなプロジェクトを抱えてやって来て、チームにどん

7　｜　セールスとマーケティング　　169

な人がいるかと尋ねたのです。私は正直にこう言いました。"実際のところ、これからその仕事のために人を雇うことになります。その仕事だけのための人を雇う必要があるのですが、その手配は進めておいて、あなたが実際に乗り出して資金の約束が得られたら、待機させている人を雇いましょう"。クライアントはその進め方に大満足だったとジョーダンは言う。クライアントはnGenがまだ発展中で、その発展段階での仕事の進め方がクライアントとプロジェクトの利益になると正直に話したのが気に入ったのだ。「すべてを完全にオープンにすると決めていたことがとても役立ちました」。ジョーダンによれば、何もかもあけっぴろげにすることでクライアントは彼とチームの方針を理解し、クライアントがそのとおりだと思ったときにより良い関係が生まれるようだという。

ジョーダンはまた、伝統的なセールストークによくある駆け引きはもはや通用しないと考えている。こうした売り込みの典型的な特徴は、自社が他の企業よりその仕事に適している理由を熱狂的にクライアントに説明することだ。またこの売り込みで、デザインスタジオの力量を集中的にPRするだけでなく、今後の仕事に必要となりそうな解決策にまで踏み込んで宣伝することがある。ジョーダンはこのアプローチにいらだちを感じ、デザインリーダーはクライアントと一緒に仕事をしたい理由を十分に自覚する必要があると強く感じている。クライアントと一緒に仕事をしたいさまざまな動機は、口に出さなくてもクライアントには透けて見えている。「私たちはRFP[1]にはほとんど応じません。応札のプロセスがわが社のモデルと合致しないからです」。お互いをよく理解する前に解決策を売り込めばまず失敗するだろう、とジョーダンは言う。「私たちにとって大切なのは、社会とつながることです。組織立ったキャンペーンよりもっと自然で形式張らないものです」。この仕事を長年続けてきたジョーダンのようなリーダーにとって、それは自然なことで、正式な計画は必要ないかもしれない。しかしあなたが起業したばかり

---

[1]　RFP（Request for Proposal）：提案依頼書〔情報システムの導入や業務委託を行うにあたり、発注先候補の業者に具体的な提案を依頼する文書。必要なシステムの概要や構成要件、調達条件が記述されている〕

なら、こうした外向きの活動を強化する計画を作成することが必要かもしれない。

インタビューでいつも話題になったのは、焦点を絞った関係を築くことで面白いクライアントを惹きつけるというテーマだった。こうした関係には、業界にもとづくものもあれば、類似性にもとづく関係もある。「正直言って私たちは、通常のアウトバウンドマーケティング手法〔企業主体に、広告やイベント、テレマーケティングなどを使って強制的に情報を届けるプッシュ型の手法〕を使って自社サービスをうまく売り込んだ経験がまったくないのです」とVelirのCEO、デイヴ・ヴァリエールは打ち明ける。「しかし初期の頃から、既存のクライアントと手を組むことについては相当うまくやってきました」。インタビュー当時、ヴァリエールのチームにはデザイナーとデベロッパーが合わせて120人いたが、彼はクライアントとの会話の様子を次のように説明する。「私たちは長期的視点でクライアントと話しています。これはわが社にとって本当に大事なことなのです。長期的視点とは、自分たちが行う組織への投資だけでなく、クライアントとのパートナー合意への取り組みも考慮することです。新規取引先と仕事を始める話をしているときにはすでに、今後3年間のその組織との関わり合い方を考えています。クライアントがこのプロジェクト以外に、どんなことに興味を持っているか尋ねるのです」。価値観や将来の夢について意見を交わす会話を始めることから、デザイン組織とクライアントチームにつながりが生まれ、それは受注のための売り込みとは比較にならないほど強い絆をもたらす。今日の透明性の高いビジネス環境において、クライアントは取引先がどんな企業なのかを知りたがっている。チームの規模や受賞歴といった表面的な事柄には興味がなく、企業の全体的ビジョンと新たなデザインパートナーのコアバリューを理解したいのである。

この長期的視点はデザインリーダー全員が持っているわけではないが、私たちはこうして長い目で見ることを推奨している。プロジェクトベースのデザイングループにとっては、この長期的展望は短期的なセールスの視点に必ずしも合うとは限らない。しかし、ほぼすべてのデザイ

7 ｜ セールスとマーケティング　　171

ン組織にとって、チームが直近の仕事だけでなく長期的な関係性に
フォーカスすることは非常に重要である。

　ヴァリエールは続けて、こうしたクライアントとの関係から長期的に
どのような見返りがあるかを説明する。「最初のプロジェクトは、クラ
イアントにわが社をよく理解してもらい、わが社が何に価値を置いてど
のように彼らと協働するかを知ってもらう機会と考えていますが、それ
が長期的な関係を築く土台になります。その結果、クライアントと長年
にわたるパートナー関係が結ばれているのです。現に数社のクライアン
トとは2000年5月から一緒に仕事をしていて、それはこれからも続き
ます。長年にわたって、彼らのウェブサイトのリブランディングやリデ
ザインをやっています」。こうした継続的な関係による恩恵はまた、ト
レンドやテクノロジーを超えて存続する。「クライアントの組織でさまざ
まなリーダー交代があっても、わが社との関係に影響はありません。ク
ライアントはこの15年間、Velirと一緒に仕事をすることに常に価値を
見いだしてきたのです」。

　この最後のポイントは、クライアントとのリレーションシップにおけ
る成功と組織の成功の双方にとってきわめて重要だ。ヴァリエールは私
たちが以前に述べた、マーケティングとセールスは不可分という認識を
さらに強化している。自分たちが何者で何をするかという核心要素に
結びつくビジネス開発戦略を立てることが、クライアントとの安定した
長期的関係を築くうえで絶対不可欠である。時を超えるビジョンと価値
を持つことによって、マーケットやクライアント組織に変化があっても、
あなたはクライアントとのつながりを保持できる。このデザイン組織の
核となる文化と、クライアントが求める関係性とが結びつくことによっ
て、成功するリーダーは特定のトレンドやテクノロジー、クライアント
のリーダー交代といった問題に惑わされることなく、長期間存続できる
のだ。表面的なテクノロジーではなく活動の成果とつながっていれば、
あなたのマーケティングとセールスの方針は時の試練に耐えるだろう。

　「自分の目の前のプロジェクトを超えた、クライアントとのパートナー
シップを考えるとき、あなたはより長期的な視点による意思決定を始め

ているのです」とヴァリエールは説明する。「このプロジェクトが終わったらどうなるだろうか？　そう考えることで、何がいちばんクライアントの利益になるかを考慮して意思決定を下すようになります。次の四半期はどういう見通しか、あるいはこの個別プロジェクトは利益的にどんな意味があるかと単純に考えるだけではありません」。賢明なデザインリーダーは、最初のプロジェクトは将来もっと多くの仕事を獲得するための土台作りと考え、少しばかり譲歩するかもしれない。こうした譲歩によって、あなたが商談の成約に注目しているだけではなく、関係を深めることに関心があるとクライアントに示すことができる。デザインリーダーはこの最初の段階で、自社が現在だけでなく将来も一緒に仕事をするのにふさわしいエージェンシーだというシグナルをクライアントに送り続けるのだ。私たちはFresh Tilled Soilの10年に及ぶ活動を通して、絶好の機会はたいてい、最初のプロジェクトの終了後に生まれることに気づいた。チームを長続きさせるためには、その来たるべき機会をとらえることが究極の目標である。

マーケティングをミッションに整合させる

　本物で透明性の高いマーケティングメッセージは、ファッショナブルなだけではなく、成功に不可欠である。nGenのベン・ジョーダンから前に聞いたように、透明度を高めるかどうかの選択が重要であり、その重要性はこれまで以上に増しているように見える。ソーシャルメディアが駆動し密結合する現在の市場では、パートナーやチームメンバー、クライアントがあらゆる不透明なセールストリックを見破り、どのみち私たちのありのままの姿を見透かしてしまうだろうが、見抜かれていることはすぐにはわからないかもしれない。しかし、身を隠すところはどこにもないのだ。オープンで透明であることは単に有利であるだけではない。それは良好な関係作りの必要条件となりつつある。

　透明性を持つには、まずあなたがパートナーやクライアントとの関係

に何を求めているかを自覚しなければならない。自社の存在理由をわきまえていれば、クライアントとどんな会話を交わせばうまくいくかがわかるようになる。

「今は私たちの目的意識がはっきりしているように思います」とバンクーバーにあるHabanero Consulting Groupのスティーヴン・フィッツジェラルドは言う。「わが社の目標を簡潔明瞭に示し、"私たちはみなさんの目標達成を懸命に支援します"という言葉を掲げています。かなり一般的に聞こえると思いますが、私たちにとって非常に意味のある言葉で、時間とともにますます深い意味を持つようになっています」。チームが目標とミッションを明確に把握していれば、クライアントにもはっきりと伝わる可能性が高い。フィッツジェラルドは、クライアントを含む大きなコミュニティにミッションや目標を積極的に公開することで、新しいビジネスの関係にありがちな摩擦を減らせると考えている。デザインスタジオの価値観とクライアントの価値観を整合させることが摩擦の円滑化に通じるのである。

整合性にもまた課題がある。整合させることと整合を維持することは別の問題だ。フィッツジェラルドによると、デザインリーダーが犯す最大の失敗は、クライアントの要望に引きずられてコアビジネス以外の何かに手を出し、会社の目的が軌道から外れることだという。リーダーが仕事をすべきスイートスポットを探し当て、そこに到達するための明確なビジョンを規定したら、そこから脱線してはならない。フィッツジェラルドは、リーダーに、自分のスイートスポットへのフォーカスを死守するように勧める。そうすれば内部組織の足並みが揃うばかりか、あなたのマーケティングメッセージが明確になり、理解しやすくなる。このフォーカスに対する最大の脅威は、マーケティング・セールスメッセージの受け手からもたらされる。「あなたのクライアントは善意で、しかも応援するつもりでこう言うでしょう。"君たちはこれがこんなに上手だから、他のこの仕事も手伝ってくれないか?"と。私たちが得意で情熱を感じていることからそらされてしまうのです。そんな問題が繰り返し起こっています」。自分は何が得意で何を避けるべきかを知ること

は、ただのオペレーション上の選択ではない。それはブランドポジショニングの問題である。デザインリーダーはしばしば、自分がフォーカスする領域から外れた機会に誘い込まれてしまう。自分がそう得意でない分野の新たなビジネスに見込みがあると思い、絶えず誘惑されるのだ。Fresh Tilled Soilでは、これを「コンピテンシー〔高業績者の行動特性〕の罠」と呼んでいる。何かを上手にできるからといって、それをやるべきだということにはならない。価値と目的の選択は、ただ文化を構築したりオペレーションを調整したりすることとは違う。それはあなたのマーケティングストーリーである。

　明確な道筋を決めて自分のメッセージとエネルギーをその道に合わせることは、単なる人生哲学の問題ではない。それは本当にビジネスに役立つのである。「財務諸表の利益、成長率、債務、さらに事業の成功を多少定量化した要素を見て、それを自分の直感と比べると、私たちが大切にして情熱を感じている、あの得意なことのスイートスポットにいつ入ったか、本当にはっきりわかります」と話すのは情熱家のスティーヴン・フィッツジェラルドだ。「目標に沿って行動することで、マーケットで大成功を収めています。私たちは望み通りの速さで成長しており、高い利益を上げています。従業員はハッピーで、クライアントは超ハッピーです。まさに至福の境地です」。フィッツジェラルドの熱狂的感激は例外的なものではない。インタビューした業績好調なデザイン会社のすべてにおいて、この目標とビジネス成果の整合性は目立っていた。これらの企業が自社のコアバリューと連携していると、彼らのセールスパイプラインは強化され、スタッフの離職率は低下し、売上は増え、利益幅が拡大するのである。

　この整合性がどのように育つのかについては議論が分かれている。デザインリーダーがマーケティングを方向づけるビジョンを示すのは、意図的なこともあれば偶然のこともあった。すべてのリーダーが確固とした計画を持っていたわけではない。詳細な計画作りは誰もがやっている方法ではないが、成功しているリーダーに共通していたのは、みながきわめて明確なビジョンを持っていたことである。しかも彼らは、そのビ

7　｜　セールスとマーケティング　　175

ジョンを行動に移す方法を心得ていた。「新しいビジネスは現在進行形の挑戦です」と言うのはMechanicaのリビー・デラナだ。「わが社の場合、それは体系的というより有機的なものです。私たちも確かに計画と戦略は持っています。また私たちが好きでやっているようなビジネスの目標もあります。顧客リストの半分は、私たちを本当に活気づけ、本質的に情熱を刺激してくれる組織なのです」。クライアントのビジョンと連携することで親和性が生まれ、一緒に仕事をする人がただの仕事以上の何かを共有するのだ。彼らの価値と関心には連携性が生まれる。これにはデラナが言うもうひとつの利点がある。「こうしてクライアントと連携していると、興味深いものが生まれます。私たちが10年間ビジネスをやっているあいだに、クライアントの大勢の担当者がある会社から別の会社に移りながら、私たちにもたらした絆です」。デラナは、クライアントとの連携性ができあがると、それは消えることがないと固く信じている。最高の戦略とは、自社組織とクライアント組織の本質的な関心が一致する分野を把握することだと考えつつ、時間をかけて、そこに到達するための戦略を練っている。マーケティングを成り行きに任せることは、サービス組織にとっては危険すぎるのである。

　整合を取ることはフォーカスすることの別の面にすぎない。自分が最も得意とする分野以外の顧客に売り込んで一緒に仕事をすることは、当初は得策のように思えるが、先行きが危ぶまれる。「ときにはスイートスポットを外れることがあります」と話すのはHabaneroのフィッツジェラルドだ。「いいアイデアで大きなチャンスと思えるようなことに取り組んでいても、それは私たちが大切にし、フォーカスしていることではないのです。それは私たちがクライアントにインパクトを与えられる重点分野ではなく、したがってクライアントに意味のある変化をもたらせる分野ではないのです」。自社の得意分野以外の仕事をすることは、Habaneraがクライアントに影響を与える能力を低下させるだけでなく、自社組織をポジティブに変える力も減退させる。「私たちの学習能力が低下し、イノベーションを起こす力が退化します」。簡単に言えば、ビジョンや目的の明瞭さを失うと、あなたが大切にしている仕事が減り、マー

ケティングは弱体化し、クライアントの連携性を失い、内部の混乱を招くことになる。

デザイン会社では、健全なキャッシュフロー確保のために新しい仕事を引き受けることと、チームの士気を高めるのに最適な仕事を選ぶことのバランスを取るのは容易である。立ち上げたばかりの会社の場合、このバランスは簡単ではないが、それは時間とともに改善されるようだ。「最高のクライアントを選択する、つまり一緒に仕事をするクライアントを選び抜くべきだということがよく議論されますが、それはある程度は真実です」とVigetのブライアン・ウィリアムズは話す。同社は3カ所のオフィスにおよそ70人の社員を抱えている。「しかし最終的にはわが社は大企業になり、多くの社員を養うことになります。それは膨大な人件費となるでしょう。私たちが好きな仕事をすることに喜んで高い金を支払ってくれるクライアントがいるだけでも、本当にありがたいことだと肝に銘じています。心の底からクライアントに感謝して、"これは必ずしも時宜にかなった適切なプロジェクトではない"というような、あまりに尊大なスタンスを取らないように努めるべきです」。

適切なクライアントを探し、目的との整合性と財務的ニーズの健全なバランスを取ることに集中していれば、そこから多くの良い結果がもたらされる。ただし、この見返りはすぐに得られるものではない。成功しているデザインリーダーの大部分は、自らのビジネスやデザイングループを何年にもわたって運営している。「私たちは確かにクライアントを選り好みしています」とウィリアムズは言う。「プロジェクトが双方に不幸な状況を招くと思ったら、私たちは手を出しません。成功の見込みが十分あることを確認したいのです。今ではわが社のクライアントの多くは夢のように理想的な相手になっています。わが社がこんなクライアントと仕事をすることになるだろうと10年前に誰かに言われたら、私はその人の頭がおかしくなったと思ったことでしょう。こうなるまで15年間仕事を頑張ったかいがありました」。集中することには忍耐が必要である。デザインエージェンシーの世界では、一夜にして成功を得ることはまずあり得ない。

7 ｜ セールスとマーケティング 177

最善の成果をもたらす組織作り

　価値とビジョンを適切なクライアントに合わせたら、次に必要となるのは計画作りだ。透明性を確保し、一緒に仕事をする相手についてよく考えるだけでは十分ではない。特に組織が成長すると、セールスとマーケティングの機能を最高幹部以外に部分的に委任することも必要になる。これらの職務を委任する先は必ずしも人材パイプライン上だけとは限らない。組織のあらゆるメンバーが見込み客やクライアントとの接点を有している。ブライアン・ジミィェフスキが本章の冒頭で触れたように、「あらゆる人がマーケティングする」のである。そうなると、セールスとマーケティングの明確な戦略をチームに伝える必要がある。デザインリーダーが不在なときにも仕事の機会を創出できるプランである。「私はPredictable Revenue（予測可能な収益）*2モデルの大ファンです」。Devbridge Groupの会長、アウリマス・アドマヴィチュスは同じタイトルの本を参照してそう話す。「この本の背景にある考え方は、ビジネスを獲得するには多様なチャネル作りが必要だということです。あなたの以前の仕事から、紹介などでインバウンドの仕事が来ることもあるでしょう。また、興味を駆り立てるためのマーケティングとコンテンツ作りという、アウトバウンドの仕事もあるべきです」。

　アドマヴィチュスは6人の共同創業者と一緒に、120人を擁する急成長中のデザイン＆デベロップメント会社をイリノイ州シカゴで経営している。この成長は偶然の産物ではない。大きなチームの運営をアドマヴィチュスが成り行き任せにしたりすることはない。彼のビジネス開発のアプローチは、私たちが見たなかで体系化が進んだものの1つだ。「インバウンドとアウトバウンドのすべてのチャネルで、仕事を確保するために異なる3レベルの人材が必要です。最初は、外に出かけて新規の見込

---

*2　Ross, Aaron and Marylou Tyler. 『Predictable Revenue: Turn Your Business Into a Sales Machine with the $100 Million Best Practices of Salesforce.com』PebbleStorm, 2011.

み客を呼び込むハンター（狩人）です。彼らは必ずしも契約を詰める必要はありませんが、第一線に行って関係を作り、最初のディスカッションを行います。次はクローザー（締結者）です。彼らは経験がさらに豊富で物事の進め方に精通しており、戦略的な要素がよくわかっています。それから最後のレベル、ファーマー（農耕者）はアカウントエグゼクティブに相当する人たちです。彼らはクライアントが十分満足していることを確かめ、そして関係を継続して、できればさらに、クライアントの担当者がその組織で立場を強くすることができるよう取り計らいます」。ビジネス開発ファネルの要素をレイヤーに分解するのは理想的だが、すべての組織がそれを実行するのに十分な人材を抱えているわけではない。小規模の企業では、いくつかの帽子をかぶって複数の役割をこなす人が必要である。

　Fresh Tilled Soilでの私たち自身の経験により、セールスとマーケティングは何らかの方法でお互いに統合されているときにより良く機能することがわかっている。最も高いレベルで言えば、この統合性とは組織のビジョンと価値観がそのトップから明確に伝わっていることである。「会社の戦略的な方向性を決めることについては、その大半の仕事は組織のリーダーがやるべきだと思います」と忠告するのはアドマヴィチュスだ。「ビジネスであなたが何をしたいかを外部の者が明確に理解することは不可能だと思います。それはトップダウンでもたらされるべきです」。デザインリーダーの次の仕事は、セールスとマーケティングのメンバーがいつも話を交わせるように取り計らうことだ。彼らのコミュニケーションと行動を統合することが、フォーカスするアプローチに不可欠である。

ソートリーダーシップがあなたのマーケティング

　「マーケティングはとてもアウトバウンドなものです」とアドマヴィチュスは言う。「私はマーケティングには2つの機能があると思っています。1つ目の機能は、自分たちをどうポジショニングするかです。これは、わが社を何と呼ぼうか、どんなサービスを提供しようか、どんな

7　｜　セールスとマーケティング　　179

業界を自分たちの各サービスのターゲットにしようかといったことです。それはブランドそのものとブランドのための戦略を示しているのです。2つ目の機能は、実際に特定のアウトバウンドキャンペーンをやることです。アウトバウンドキャンペーンは展示会かもしれませんし、メールキャンペーンかもしれません。あるいは特定のサービス分野をターゲットにしたブログのトピックかもしれません」。戦術的に見ると、キャンペーンは優良見込み客とわかっているオーディエンスを相手にすべきだ。デザインリーダーから前に聞いたように、金銭的利益しか期待できないオーディエンスを標的にするのはまったく意味をなさない。理想的なオーディエンスへのキャンペーンは、その業界でうまくいった仕事の事例紹介やケーススタディーの提示で強化すべきである。あなたとターゲット顧客をしっかり結びつけるコンテンツを開発することにより、オーディエンスの注目を集めることができる。つまり、優良な見込み客の心をとらえる機会を最大化するためには、これらの顧客とあなたの組織の両方に意味のあることを話題に乗せるのである。

　ターゲット分野に焦点を合わせることは最初は難しいかもしれない。実際、たいていのデザインリーダーは組織が成熟してからも、焦点を当て続けることに苦労をしている。実験が必要かもしれないが、大半のリーダーの一致した意見は、自らの特定領域でソートリーダーシップを発揮するコンテンツの開発がカギになるということである。「最初の年は、何にでも銃を向けて、思いつく限りあらゆる方向に弾を撃っているようなものでした。すべて試しました」。マサチューセッツ州ケンブリッジに本拠を置くeコマースの戦略デザイン会社Growth Sparkの創業者、ロス・バイエラーはそう回想する。「ネットワーク作りをしたり、人にお願いしたり、記事を書いたり、広告を載せたりと、文字通りすべてやりました。何が心にいつまでも残るかを見たかったのです。そうして、私たちは特定の3つの分野で本当にうまくやれることに気がつきました。1つ目は、単なるSEO〔検索エンジンの最適化〕とは逆に、ソートリーダーシップの観点からコンテンツ作成に焦点を当てたことです」。このタイプのコンテンツは、デザインリーダーをソートリーダーに仕立てる

ことに焦点を当てる。そのコンテンツはうまく機能すると、他の影響力あるブログやリソースに掲載され、そこから会社に、その分野の経験を紹介してほしいという依頼が来る。「特にこの1年半か2年のあいだ、これが私たちの大きな推進力になっています」とバイエラーは話す。

「2番目はさまざまな教育分野です」とバイエラーは続ける。「私たちは実際、Shopifyのようなパートナーとワークショップを多数開催しています。Shopifyは私たちが使っている（eコマースの）プラットフォームなのです。継続教育を行う組織であるGeneral Assemblyなどの教育プラットフォームとも幅広く仕事をしています。さらに、バブソン大学のような伝統的カレッジでも教えています」。バイエラーは、教えることが単に見込み客を作るだけではなく、将来のクライアントや従業員になる可能性のある人にチームが出会える機会として役立つと信じている。「受講生と話をして、私たちが開く無料ワークショップの1つに参加する機会を提供しています。こうすることで、彼らはわが社とわが社のスタイルをもっとよく知るようになり、その過程で何かを学ぶことができます。しかも、こうしたやり方が大いに役立って、将来の取引につながりそうな会話が活発になっています」。

「最後はコミュニティの分野です。私たちは2つのコミュニティにフォーカスして、それぞれに向けた一連のイベントを行っています」。バイエラーは説明する。「1つ目のイベントは、〈エージェンシービジネスを管理する〉というタイトルで、もうひとつは〈eコマースビジネスを管理する〉というタイトルですが、2つとも同じモデルで構築しています。年に3、4回、この2つのコミュニティ向けのイベントを開催します」。バイエラーとそのチームは、エージェンシーのオーナーかeコマース起業家を募ってパネリストの専門家として来てもらい、彼らの経験とそれぞれの分野で学んだことを話してもらう。バイエラーによれば、通常は約50〜75人がイベントに参加するという。「私たちはイベントを活用して、エージェンシーオーナーとeコマース起業家のためのコミュニティを、ここボストンで育てるつもりです。それは私たちがプレゼンス（存在感）を保つだけでなく、面白い人を別の面白い人に紹介するすばら

7 ｜ セールスとマーケティング 181

しい機会なのです」。

コミュニティに関連づけるイベントや活動は、デザイン業界では一般的である。多くのデザインリーダーが自分のドメインや技術的フォーカスを選択する前に、リーダーがコミュニティに関わるという意思決定がなされている。「私たちは自前でカスタムCMS（コンテンツ・マネジメント・システム）を作ることに注力するのは望ましくないと考え、代わりにDrupal〔ドルーパル。オープンソースのCMS〕コミュニティに力を入れることにしました」とPalantirのティファニー・ファリスは話す。「それはオープンソースの採用を決める決定で、当初はさっぱりわからないままこの決断を下したのです」。最初のうち、ファリスと共同経営者はどのテクノロジーをサポートすべきか態度を決めかねていたが、Drupalコミュニティの力を理解してからは容易に決断を下せた。「1年もしないうちに、私たちはオープンソース以外のテクノロジーは仕事にしないと心に決めていました。オープンソースコミュニティに参加し、私たちのすべての経験、エネルギー、情熱、その背後にある強い思いを注いだのです。それは本当にわが社の仕事のパイプラインを埋める原動力になりました」。

アウリマス・アドマヴィチュスが言うように、複数の販売チャネルを築いて、見込み客を1つのチャネルだけに頼らないようにすることは、とにかく得策である。Palantirのインバウンドパイプラインはここ数年にわたって、直接的な開発仕事であれ、コミュニティキャンプやカンファレンスの仕事であれ、コミュニティへの寄与によって活況を呈している。「私たちが、主に受け身のセールスパイプラインで成長できたのは、本当に、本当に幸運でした」とファリスは言う。「しかしわが社は成長し、もっと成熟した販売プロセスを強化しなければならない段階に来ています。そういうわけで、外向きの取り組みのようなことを少し始めたところですが、それはまったく初めての取り組みなのです」。ビジネスで変化しないものはない。今日うまくいくことでも、明日はうまくいかないかもしれない。新規見込み客を確保するために複数のチャネルを開発することは、賢明なだけでなく、成功するための必要条件である。

新規見込み客をビジネスに変える

　外向きの活動によって一般的な見込み客は集められるが、そうした新規の見込み客はまだビジネスにつながったわけではない。単純に言えば、新規見込み客とは、潜在顧客とプロジェクトについて話をする機会にすぎない。私たちは、こうした機会が来たときに最高のデザインリーダーがどのように行動するのかに関心を抱いている。「すべて私が対応します」と話すのはバイエラーだ。「私のルールは、大物でも小物でもどんな相手であれ、少なくとも話はすることにしています。ですから、しょっちゅう電話での会話を設けています。すぐに面会しないのは効率を上げるためですが、電話をかけて彼らがやりたいことをすべて聞き出すようにしているのです。私たちは自らの仕事の分野をはっきりとフォーカスしているので、たいていの場合はその最初の電話で、やれるのかやれないのか即断できます。彼らの要望に応えるか、あるいは受けないかのどちらかですが、もしできない場合には、MAB*3コミュニティを通して力になってくれそうな知人を1人から3人紹介するようにしています。それはすばらしいことで、私たちを助けることにもつながります。潜在的な顧客が解決策を見つける手助けに注力するのです。それが私たちの仕事かどうかを離れて、相手の取引を実際にまとめるために全力を注ぎます」。

　バイエラーの現場主義によるセールスへのアプローチは彼だけのものではない。トップデザインリーダーたちが袖をまくって、最初のコンタクトから顧客の受け入れまで、第一線の営業活動に関与し続けるのを目の当たりにしてきた。デザインリーダーの第一線営業における役割の重要性は、いくら強調してもしすぎることはない。それが職務の内容に入っていようがいまいが、デザイン会社のトップエグゼクティブはトップセールスパーソンでもある。「セールスが今でも自分の最大の関心事

---

*3　MAB：Managing Agency Business（http://mab.growthspark.com/）. デジタルエージェンシーオーナーのコミュニティで、年に数回会合を開き、幹部に影響を及ぼす問題を議論する。

7　セールスとマーケティング　　**183**

で、これからもずっとそうだと思います」と言うのはHappy Cog会長のジョー・リナルディだ。「そのことが実質的に変わるとは考えられません。本当にそう思います。私たちにとって、セールスはスポーツのようなものです。1人だけの責任ではありません。チーム全体が本当にセールスに力を注いで大切にするように、意識してたくさんの部署の人を関与させます。それはオーケストラのようなもので、社員の貢献が重複しないようにして、彼らが意見を聞いてもらえて上司に怒鳴られたりしないよう気を配らなければなりません」。リナルディはこの包括的なアプローチと模範を示す指導方法によって、あらゆるレベルの社員が喜んで販売プロセスに貢献する会社を築くことができたのである。

　見込み客やクライアントの視点で見ると、デザインリーダーが新たなビジネスについての打ち合わせに関与する意味は大きい。あなたがこれから何10万ドルもの資金とチームのリソースをあるプロジェクトに投入しようとするクライアントだとすると、デザインリーダーと向かい合って腰を下ろし、そのことについて話をするのは、相手の信頼性を確認する大きな助けとなるだろう。「会社にとって最良のセールスパーソンはその会社のオーナーのような気がします」とベン・ジョルダンは語る。「オーナーの関与から違いが生まれるのを何度も何度も見てきました。セールスのインパクトはオーナーの情熱によって変わるのです。私は幸い会社のオーナー兼会長ですから、そのビジョンを実行しているわけです。部下にはその情熱が見えていると思います。本気でクライアントの問題解決に関心があるのか、受注ノルマに合わせようとしているだけなのか、部下にはわかるものです」。

　会社の経営幹部がセールスに関わっても、彼らはセールスに対して100％責任があるわけではない。デザインリーダーは商談に関与するが、営業チームやプロジェクトマネージャー、特定分野の専門家の支援を受けて取引を終結させる。人はみな持ちつ持たれつだが、交渉のテーブルに幹部リーダーがいることには重大な意味がある。「Happy Cogに新しい社長が来てセールスを率いるようになるまで、私は今のトップセールスの役割を続けたいと思っています」とHappy Cogのリナルディは言

う。「クライアントがあるプロジェクトについて話そうとやって来て、組織の中堅が応対するのと、そこにチームを代表するオーナーかリーダーがいるのとでは、まったく印象が違うでしょう。個人的には、もし自分がその組織の代名詞のような肩書の人に立ち向かわなければならないとしたら、自分にもそれに見合った肩書や役職がないと、影響力がはるかに劣ると感じるでしょう。率直に言って、そうしたことは無視できるものではないと思います」。

チーフセールスオフィサーとしてのCEO

　成功しているデザイン会社のリーダーは、セールスにおける自分の役割を真剣に受け止めている。彼らはセールスがビジネスの活力源だとわかっているのだ。すばらしい製品ラインを保有し、才能豊かな人材の強力なチームがいても、十分ではない。あなたはクライアントときちんと向き合い、彼らの問題のソリューションについて話し合わなければならない。「現段階では、私がセールスを指揮して、契約書作りや会議のスケジューリングなど事務的な仕事はチームにサポートしてもらっています」とジョルダンは言う。「しかし、売り込みをして約束を交わすのは私がやっています。それは、私たちがクライアントとつながりを持っていることを自分で確認したいからです」。

　「私は自分のエージェンシーのセールスとマーケティングに注力しています」と話すのは、85人のメンバーを抱えるデザインエージェンシー352Inc.のCEO、ジェフ・ウィルソンだ。「そのおかげでわが社が成長できたのだと実感しています。特に私は本当に出来の悪いデザイナーで、お粗末なデベロッパーです。1990年代後半に創業した当時は、HTMLとPhotoshopの仕事を何とかこなせる程度で、すばらしいクオリティにはほど遠く、すぐに自分よりはるかに優秀な人材を雇うことにしました」。デザインリーダーが単なる技術職として仕事を始めるのは珍しいことではない。彼らはデザイナーやデベロッパーの仕事から始めるが、必要に迫られてリーダーの役割に適応するのだ。その役割にはセールスとマーケティングのリーダーシップが含まれている。

7 ｜ セールスとマーケティング　　185

ウィルソンによる以下の指摘は、デザインリーダーに必要な成熟の要件を示唆している。「私がそういった役割から身を引いて、ビジネス面に注意を向けるのはわけもないことでした。デザインや開発の仕事はうまくいかなかったので、エージェンシーの成長に本気で集中せざるを得なかったのですが、そのことが好結果につながりました」。これは、自分がデザイナーやデベロッパーのままでいるより、むしろセールスとマーケティングに集中するほうがはるかにビジネスに役立つという自覚から来ているように思える。あなたがどう見ようと、デザインと開発の仕事はデザイン業界ではコモディティ化している。新たな仕事の機会を作って会社の評判を高める活動にリーダー自身が関わるときに、戦略的な力が生まれるのである。「私の考えでは、小規模のエージェンシーにはきわめてクリエイティブな経歴や非常にテクニカルな経歴を持った創業者がいて、その人がその技術に情熱を持っていることがあります。それはまったく間違ったことではなく、すばらしいことです。しかし一般に、そうしたエージェンシーのオーナーは技術に関わっていたい気持ちが強いので、会社が小規模のままで成長しないことがよくあります。彼らはデザインや開発の仕事を続けたいと思うのです。繰り返しますが、それは間違いでもなんでもありません。しかしエージェンシーが成長するには、オーナーは日々の技術的な仕事からかなり身を引いて、ビジネス開発などに重点を置く必要があると思います」。

見込み客を選別する仕事の大部分を組織のリーダーが行っている場合は、この業務をどう広げるかが懸案事項となるかもしれない。デザインリーダーがビジネス開発の責任を持ち続けた場合、会社が成長して彼に対する期待が大きくなるとどうなるのだろうか。「確かにもっと大きな組織なら、1人の人間がセールスチームとして役割を果たすことはありません。けれども、私は会社のリーダー、ビジョンの代表者として、あらゆる販売サイクルに関わる必要があると確信しているのです。そうすることで、わが社の取り組みに対する私の情熱をクライアントにわかってもらえるからです」。

しかし、関与することはすべてを行うことではない。会社の規模拡

大への対応策は、すべて実行しようとすることではなく、プロセスがどのようなものかを理解して効率化することである。「何かを広げなければならないときは、その問題にもっと人を投入するのではなく、むしろ優れたプロセスを作る機会ととらえるようにしています」とバイエラーは言う。「つまり"わかった、セールス要員がもっと必要だ"と言うのではなく、通常は"では、セールスのプロセスをどう改善したらもっと効率良くできるのか？"と聞くことにしています。なぜなら、この業界に精通していて私たちの仕事の内容を理解し、私たちの手法を覚えて、私たちと同じ方法で売り込みができる人を見つけるのは相当難しいからです」。バイエラーの会社のような企業は、セールスに対応する社員の数を増やすのではなく、パフォーマンスを上げる方法を考え抜くことによって、大きなセールスチームを必要とすることなく成長を続けてきたのだ。

セールスのパフォーマンスを向上させるには、あなたの会社が取引を完結するのに必要な打ち合わせの進め方を本気で見直さなければならない。このためには、会話によく出る質問を想定し、正しい解答を準備しておく必要がある。最初の段階の会話を正しく予想して、打ち合わせの進捗を前倒しする方法を見つけることが時間の節約となる。自社にフィットしないプロジェクトを直ちに見分けられ、時間をさらに投入すべきかどうかを決めることができる。余計な情報をできるだけ早く取り除き、彼らが適切なパートナーを見つけられるように集中的に支援するのだ。これは、そのパートナーが自社になるか他社になるかに関わらない。「セールスの過程で、タイミングであれ予算や技術であれ、将来のボトルネックになりそうなことがわかったら、それをすぐ表に出すようにしています」とバイエラーは話す。「そうしておけば、2、3週間も過ぎて最終会議の席で細部を詰めているときにショックを受ける、なんてことが起きないのです」。

取引を断ることでセールスを改善する

見込み客を選別するプロセスは、仕事を辞退すること、あるいは見込

み客が適切なパートナーを見つけられるように支援することでもある。私たちはデザインリーダーから、理想的なクライアントになりそうにない見込み客をどう援助したかを聞いた。彼らはそんな見込み客を他のエージェンシーに紹介するか、あるいは知恵を貸して、見込み客が自分のプロジェクトについて良い選択をするよう手助けしていた。

　「私たちは実際に、彼らが数カ月、いや数年も後になって戻ってくるという状況に何度か遭遇しました。そして彼らはこう言うのです。"やあ、あのときはあの人を紹介してくれてありがとう。あの会社はすばらしかった。ところで、私は新しいことをやっているので、またあなたに相談したいんだが"と」。それが自社かどうかは別にして、見込み客の前途に対する共感、彼らを成功させることに真の関心を持つことが良いカルマ（因縁）となるのだ。別に社会科学者にならなくても、人助けをしているかどうかはわかる。彼らが好感を抱いて覚えているのだ。「そうしたカルマによる見返りがたくさんありました。プロジェクトに最適任の誰かを探すのを手伝うだけなんですよ。最適任者が私たちでなくても手助けするのです」。

　こうした共感の対象には、現在進行中のプロジェクトも含まれる。あなたの将来の最良のクライアントは、今一緒に仕事をしている相手に他ならない。セールスパーソンだった私の父親がよく口にしたように、「バケツを毎月ゼロからいっぱいにするより、継ぎ足すほうがはるかにやさしい」のである。現在のクライアントに投資することが、あなたの仕事のパイプラインへの投資となる。「クライアントと一緒に良い仕事をすることです。そうすればクライアントは戻って来てロイヤルカスタマーになってくれます」とXPLANEのデイヴ・グレイは言う。「そしてまた、その組織内での関係作りを助けてくれるようにクライアントに依頼しましょう。わが社の成長はほとんど、私たちが良い仕事をした取引相手からの仕事によるものです。口コミが広がって私たちを誰かに紹介してくれます」。自社のビジネスがかなり順調に伸びているのは、クライアントのためにしっかりした仕事をして継続的なフィードバックを得ているからだ、とグレイは感じている。彼は仕事を要求することをためらった

りしない。「率直にみなさんにお願いするだけです。"私たちの仕事にご満足いただけたら、御社のみなさんへの紹介をお願いしたいのですが"」。

　グレイは但し書きをつける。「単独のクライアントに依存するような会社にするのは良くありません。その仕事がなくなると、会社は大きな打撃を受けます。ですから私たちのもうひとつのポリシーは、1件のクライアントからの仕事が会社全体の仕事の20％を決して超えないようにすることです」。彼が経験から学んだところでは、これはハマりやすい落とし穴だ。インタビューでもこの誤りを数件耳にしたが、そんな例ではスタジオが1件か2件のクライアントプロジェクトに大きな投資をしていた。こうした過度の依存は、安定したパイプラインを確保する態勢が整っていない会社で起きることが多い。いま手持ちの仕事に安易に集中しすぎて、プロジェクトが終わればどうなるか忘れてしまうのだ。ミスマッチのビジネスは辞退する一方で、長期のセールスパイプラインに投資するというのは直観に反することかもしれない。しかしそれは、販売サイクルの成功に最も関わりの深い戦略である。

セールスパーソン、コミッション手数料、インセンティブ

　インタビューしたデザインリーダーの60％は、会社が新たなビジネスを確保するサイクルに深く関与していたが、何人かは専門の営業代行に権限を委譲していた。こうしたセールスパーソン（営業マン）には、ビジネスを足で稼ぐ伝統的なタイプから、見込み客に会って購入プロセス全般の面倒を見る戦略家まで、さまざまなタイプがある。こうした役割は勤続年数によっても異なるが、成功したデザインリーダーで、セールスパーソンがリーダーの支援を受けず活動するままに放置している人はほとんどいない。Fresh Tilled Soilでは、フルタイムのシニア・セールスパーソンをできるだけ早く迎え入れることを決めて、現在のセールスのトップは、創業後4番目に入社した従業員である。当時の小規模デザイン

エージェンシーとしては、これは驚くべきことかもしれない。しかし私たちの論理では、シニアレベルの専業セールスパーソンがいなければ、キャッシュフローの基盤強化に必要な一貫性のあるセールスを確保することはできず、それは今もそうである。キャッシュはあらゆるビジネスの血液である。デザインスタジオのようなサービス企業は外部からの資金調達に頼れないため、その重要性はどれだけ誇張してもしすぎることはない。

セールスパーソンをやる気にさせる方法については立派な本が多数出版されており、他の本に書かれていることを改めて繰り返す必要はないだろう。本書のデザインリーダーたちは、セールスパーソンにやる気を持たせるやり方について多様な見解を抱いている。実のところ、個人やチームがもっと頑張るように適切なニンジンを与える一般的アプローチは存在しない。経験を積んだデザインリーダーに共通していたのは、コミッション（成果報酬）制度のインセンティブに好意を持っていないことだった。「サービスビジネスでは、新しいビジネス獲得などによる急拡大は困難で、将来に向けた積み上げが必要です」と言うのはSmallBoxのジェド・バナーだ。「コミッション方式のセールスパーソンであれば、これはいらだたしいことでしょう。次の四半期向けの販売が必要で、インボイスを発行するまでコミッション手数料はもらえないのですから」。雇用のサイクルが新しいプロジェクトに関係しているうえに、報酬を得るのがはるか先になることは、セールスパーソンとそのリーダーのフラストレーションを招く可能性が高い。

組織にとってもコミッションは同じように問題含みだ。セールスパーソンが完全にコミッション手数料によって動機づけされていたら、彼らの目標と会社の目標は整合性が取れない可能性がある。会社の目標があるタイプのプロジェクトを手に入れることで、セールスパーソンが別のタイプのプロジェクトのほうがコミッション手数料が高いのではと感じた場合、販売戦略に不整合が発生する。別の見方をすると、手に入れるように指示されたプロジェクトを獲得しても、もし報酬が期待できないとしたら、セールスパーソンは成果を上げることはできない。「わ

が社のセールスチームには、見つけたビジネスを何でもすべて取り込むようなやる気は持ってほしくないのです」とバナーは続ける。「立派な仕事をするには立派なクライアントが必要です。そして、私たちはクライアントと仕事の範囲をますます選び抜くようになり、全体に良い結果を得ています。コミッション方式のセールスチームは、適合性ではなくお金にフォーカスすることが多いのですが、私は適合性に情熱を感じてほしいのです」。本章の前半で述べたように、会社とクライアントの整合性が本質的に重要である。しかし、スタジオチームが共通の目的のために足並みを揃えているかどうかははっきりしない。この業界に何十年もいるうちに、私たちは、デザインリーダーが自社のセールスパーソンに何らかの目標を指示しながら、その目標とは異なる成果の達成を奨励するインセンティブを与えるのを目にしてきた。コミッション制度がどこかの会社でうまくいくからといって、デザイン組織でうまく機能するとは限らない。セールスパーソンを雇用してやる気を起こさせるには、利益面の成果ではなく企業目的のレベルで動機づけするべきだ。

　明らかに、最高のセールスパーソンとはビジネスに最も力を注いでいる人である。これは、オーナーや創業者、組織リーダーを指すことが多いが、例外もある。優秀なセールスパーソンは通常、お金を超える何ものかに突き動かされている。彼らは、人の考え方を別の考え方に変えることに興奮を感じることが多い。報酬と評価は無視できないが、真のセールスパーソンは、取引のスリルと見込み客と一緒に仕事をするワクワク感が好きなタイプである。ある意味では、彼らはその技能を修得したいという点で、他の分野のエキスパートに似ている。この営業技能職のマイスターになりたいという願いが、真のセールスパーソンを動かしている。確かに、報酬と評価はこの成功に関わっているが、それはただ色を添えているにすぎない。チームの成功に貢献し、クライアントとの関係で重要な役割を果たしていると見なされることが、理想のセールスパーソンの動機である。バナーは次のように述べている。「セールスパーソンにとって、自らの努力から他の人が利益を得るのを目にすることが、個人の報酬と同じくらい意味のあることかもしれません」。

7 ｜ セールスとマーケティング　　191

セールスとマーケティングのパイプライン

　これまでのインタビューから見る限り、リーダーは多くの時間をかけて、次のプロジェクトをどこから手に入れようかと考えている。ビジネス開発やマーケティングに唯一の道はあり得ず、リーダー全員がいくつかのチャネルを開拓して、自社のパイプラインを仕事の機会で満たそうとしている。健全なパイプラインを育てるためには、複数のチャネルを持つことが必要である。起業して間もないリーダーのなかには、伝統的なチャネルによるアプローチの多くがもはや機能しないか最終損益にそう影響しないことを知って、驚く人もいるかもしれない。それほど意外でないのは、成果を上げているデザインリーダーが常に、セールスとマーケティング活動のさまざまな要素から全体像を作り上げていることである。

　「私たちのセールスチームには、顧客と最初の会話を行うメンバーが何人かいて、プレゼンなどの仕事をしています」と352 Inc.のジェフ・ウィルソンが話す。「しかし重要なチャンスがあると、彼らは私か経営陣の別の上級メンバーのところに来て詳しい話をします。私たちは十分時間をかけて、来たるべきチャンスを掘り起こすように努めるのです」。マーケティング・セールスの大きな全体像に関連づけることが、このライフサイクルの重要な要素である。ウィルソンは紹介だけに頼るやり方を信頼していない。「過去をさかのぼると、私たちの見込み客の多くはインバウンドのマーケティング経由で来ています。エージェンシーの口伝えや紹介をいつも耳にしますが、私たちも時間をかけて、口コミと紹介の分け前にあずかってきました。しかし私たちはまた、オーガニック検索エンジン・ランキングとペイドサーチの視点で見た検索エンジンのプレゼンスによって、年を追うごとにかなり実質的な成功を収めるようになってきました〔オーガニック検索（自然検索）とは、検索結果画面に表示されるURLのリストのうち、リスティング広告のような広告枠を含まない部分を指す。またペイドサーチとは、検索エンジンに対して料金を支払って、検索

ボックスに入力された文字列に関連する商品やサービスの広告を表示させるという広告形態の１つ〕。ペイドサーチは投資効果の点で厳しい可能性もありますが、わが社ではうまくいくことが証明され、またオーガニック検索もおおむね有効と判断しています。それによって質が低めのチャンスを多数入手できるので、事前審査を十分に行い、ふるいにかける必要があります。しかし、このスクリーニング作業をがんばって続けると、結構価値のある宝石を見つけることができます。私たちの最大のクライアントの何社かは、実際にオーガニック検索エンジンで私たちを発見してやって来たのです」。成功したデザイン会社では、選別のプロセスも決していい加減ではない。見込み客が到来したら、追求する価値があるかどうかを決める評価テストを必ず行うのだ。

　「伝統的なセールスの考え方では、販売ファネルの上に可能な限り多くの見込み客を詰み上げることに最大の重点を置いています」と話すのは、ボストンにあるデジタルマーケティング会社Acceleration Partnersのでは、ロバート・グラツィエである。「悪気があって言うのではありませんが、マーケティング担当者は、大きな網を投げてそのなかの見込み客をじっくり選べば、最終的にしっかりした顧客を選び出せるとよく言います。しかし、これはまったく的外れです」。見込み客が増えるのは良いことのように思えるが、たいていのデザインリーダーは限られた時間とリソースを集中させるという重要なことができなくなる。インタビューしたなかで最も成功を収めているデザインリーダーは、セールスへのアプローチの焦点をもっと絞る傾向が強い。焦点を絞ることと複数のチャネルを開拓することのバランスを取るというのは理解しにくく、直観的には無理なようにさえ思える。私たちはインタビューで、このアプローチについてさらに詳しい説明を求めた。「解決策はあります」とグラツィエは続ける。「問題なのは、それに忍耐と柔軟性が必要だということです。これはその場しのぎの解決策ではありません。不適切な相手に"ノー"ということには、ビジネスにふさわしいクライアントを得ることと同じ効果がある、という考えに基づくものです」。

　私たちが出会ったリーダーの説明は各人各様だったが、多くの人はこ

7 ｜ セールスとマーケティング

のプロセスを「フォーカス・ツール」と呼んでいた。私たちはこの戦略を「ザ・レンズ」と名づけており、正しく使えば、ビジネスの利益を増やし維持するための強力な戦略となる。ザ・レンズは名前が示唆するように、セールスとマーケティングのあらゆる取り組みに焦点を当てる手法である。最も成功している組織は、複数の顧客オーディエンスを追求する組織ではない。彼らは唯一のオーディエンス、利益は最大で問題は最小となるオーディエンスに焦点を当てる。彼らは、気を散らすものを減らして、顧客の問題定義を針に穴を通すようにしてくみ上げるのである。

自社のセールスレンズを作る

　場合によっては、このプロセスを会社の視点で説明することもできるが、私たちの観察によれば、デザインリーダーはクライアントのことを中心に話を進めつつ、この問題にアプローチするのが好きだった。これは多分、彼らがすでに顧客中心主義のやり方になっているためだが、そのほうが問題の核心を突くのも容易である。つまり「あなたは誰と一緒に仕事をし、どこに価値を提供できるか？」という問題である。あなたのビジネスのためのレンズ作りは、自分の理想的なクライアントは誰かという問いを分析することから始まる。もしあなたの会社が起業して間がなく既存のクライアントがいなかったら、理想的クライアントのプロファイルを描き、実際のデータが出たら修正するのがよい。たとえば、次のように自問しよう。

・私たちの理想の顧客はマーケットへの新規参入者だろうか、それとも既存の企業だろうか？　わが社にとってはどちらがいいだろうか？

・意思決定者は誰か？　私たちは創業者かCEOと直接取引をしたいのか？あるいは大手ブランドと仕事をして、ラインマネージャーや中間レベルの意思決定者と交渉したいか？

- このクライアントはわが社の分野でどれくらい経験を積んでいるか？　私たちが気楽に仕事をできる相手は駆け出しか、それともその道のベテランか？
- 私が好きなコミュニケーションスタイルは？　私は温厚なクライアントが好きな内向的で静かなタイプだろうか？　それとも、弁舌巧みで外向的な人が好きだろうか？

　これまでに最もうまくいった仕事を考察して、成功したプロジェクトやクライアントに何が共通していたかを解明しよう。また、うまくいかなかったプロジェクトについても何が良くなかったかを分析しよう。このデータを使って、あなたのセールスレンズの焦点をさらに絞ろう。そして、どんな経済的要因で利益を確保できているかをしっかり認識しよう。支払い条件を明確に伝えて、値切ることなくそれらの条項を尊重し同意するよう依頼すべきだ。

セールスレンズを使う

　以下に記すのは、クライアントまたはプロジェクトを引き受けるかどうかを決めるために用いた、ハイレベルなセールスレンズの事例である。クライアントの質、販売プロセス、その他の留意事項の3つのパートに分かれている。

望ましいクライアント／プロジェクトの質

1. クライアントはこれまでに、別のサービス企業と一緒にうまく仕事をしている、または専門のデザインパートナーとの関係を高く評価している。
2. クライアントは自分が何を知らないかわかっている。つまり、デザイナーの知識や経験を尊重している。
3. クライアントは立証済みのデザイン方法論とプロセスに同意する。
4. もしクライアントがアプローチ方法について強固な意見を持っていたら、関係の早い段階でそれを俎上に載せる。
5. クライアントのコミュニケーションスタイルはデザイン会社のものと同じ、またはよく似ている。

7 ｜ セールスとマーケティング　　195

6. 私たちのデリバラブル（成果物）は私たちの支配下にない人に縛られることはない。

　加えて、わが社による重要な運営上の取り組みが必要になる場合は、プロジェクトにクライアントの経営幹部による強い権限が与えられなければならない。そして実行チームは私たちの仕事の内容を理解し、それを継続しなければならない。

理想的な販売プロセス

1. クライアントは私たちの時間を尊重しており、それをプロポーザル段階ではっきりと示している。
2. 販売はフェアかつ速やかに進行する（際限のない一進一退の繰り返しは赤信号）。
3. クライアントは予定の期日に契約し、タイムリーに前金を支払う（これは将来の支払いについての良い判断材料となる）。
4. プロジェクトはわが社の財政的基準に適合する。

その他の留意事項

1. リピート顧客は新規顧客よりも価値が高い。
2. 信頼できる個人や過去のクライアントからの紹介は、すばらしい顧客をもたらすことが多い。

　セールスレンズの有効性を保つには、時間の経過に応じた調整が必要である。新たな情報に遭遇したりクライアントとの深刻な関係から回復したりしたら、何が間違いだったかを理解し、レンズを調節しなければならない。その対極にある、完璧にうまくいったプロジェクトについても十分検討し、それらの特性も加える必要がある。覚えておきたいのは、例外的なクライアント——ベストとワーストの潜在顧客——は通常見分けるのが容易だということだ。中位の会社の良い点と悪い点を見分け

られるようになるかどうかで、正しい顧客の選択に確かな違いが生まれるのだ。直感で何かがうまくいかないと感じても、レンズの縁を使いこなせないと前に進めてしまう傾向が強い。私たちの最大の後悔は、アラート信号を見落としたり無視したりして交わした契約、あるいは仕事を断りたくなくて、特性が1つや2つレンズから外れても我慢できると決めた契約に由来するものだった。そういった仕事の大半は悔いを残す結果となり、儲からなかった。

　レンズから外れる見込み顧客やプロジェクトにノーと言うことによって、あなたのビジネスはさらに成功を収めることができる。製薬業界では、最も利益率の高い企業は宣伝されている超大型新薬を持っている企業ではない。それは歩留まりが最も高い企業、販売に至らない見込み製品にはミニマムの資源しか投入しない企業である。簡単に言えば、彼らは失敗しそうなものはすぐに中止するのだ。難しいクライアントや質の悪いプロジェクトは、もっと利益の出る仕事の成果を相殺してエネルギーを消耗させる。レンズを使えば、自分が最も得意とする仕事に時間を投入することができるのだ。

「ザ・レンズ」を実行する

　私たちのデザイン会社Fresh Tilled Soil以外にも、数人の業界リーダーがセールスとマーケティングへの選択と絞り込みによるアプローチを多用している。市場へのリーチ（到達率）を減らして特定ターゲット市場を選択することは逆説的効果をもたらし、良い結果を生む。誰を狙うべきかがわかれば、成功したも同然である。「特定のキャンペーンに関しては、もっと戦術的です」とアウリマス・アドマヴィチュスは話す。「たとえば、私たちは金融業界をバーティカル市場と認識しています〔バーティカル市場は、特定のニーズをもつ似たような業種、顧客のグループを指し、大きな産業の一部（ニッチ市場）であることが多い〕。というのも、わが社はその分野で順調な成果を収めているからです。それについて紹介できる事例やケーススタディーを用意しています」。アドマヴィチュスは、マーケティング手法を使って、特定のバーティカル市場にフォー

7 ｜ セールスとマーケティング　　197

カスする、標的のオーディエンスにとって魅力的なコンテンツを作ることを勧める。このコンテンツが取り組みを後押しして、仕事を増やす話につながる。この単一市場にフォーカスすることで、これらのプロジェクトからさらに似たプロジェクトが生まれ、その分野における会社の評判を高める好循環が生まれるのである。

　以下に示すのは、これらの選別作業に関するモデルで、私たちのアンケートとインタビューで得られたフィードバックにもとづいて作成したものである。他にもいくつか似た方法が考えられるが、この構成がセールスを選択するための客観的手法として最も適している。この構成例では、各回答に重みづけを行って正しいレベルの情報になるように調整している。すべての情報が同等に扱われるわけではない。たとえば見込み客がやって来た理由を知ることは、見込み客が何を通じてやってきたかを知ることとまったく同程度に重要である。以下に示したモデルでは、得点が高いほど良い結果をもたらす可能性がある。

見込み客の由来

1. この見込み客や機会はどこから来ているのか？

　　マーケティング活動 +2　　個人的または仕事上のネットワーク +1
　　ウェブ申込みフォーム 0　　電話 +1　　カンファレンスやイベント +1
　　ウェブ検索 0

2. 見込み客がマーケティング活動の成果である場合、その見込み客が何に反応したか覚えているか？

　　はい +1　　いいえ 0

活動領域と理解度

1. この潜在顧客は、私たちが理解している、あるいは理解できる業界で仕事をしているか？

　　はい +1　　いいえ −1

2．この潜在顧客は、何らかのウェブプロダクトをデザインまたは構築した
経験があるか？

　　はい ＋2　　いいえ −2

3．この潜在顧客は、私たちのようなデザイン会社と何か仕事をした経験が
あるか？

　　はい ＋1　　いいえ −1

4．#3への回答が「はい」のとき、その経験を気に入ったか？

　　大変良かった ＋2　　良かった ＋1　　どちらともいえない 0
　　悪かった −1　　大変悪かった −2

5．この見込み客がスタートアップの場合、チームは事業経営の経験を積ん
でいるか？

　　はい ＋1　　いいえ −2

予算

1．この見込み客は、このプロジェクトのための予算または資金の割り当て
を持っているか？

　　はい ＋1　　いいえ −2

2．スタートアップの場合、彼らはすでに資金を確保しているか？

　　はい ＋2　　いいえ −2

3．スタートアップの場合、彼らは仕事の対価として株式を提供したことは
あるか？

　　はい −2　　いいえ 0

4．見込み客は、詳しい予算を喜んであなたに教えるか？

　　はい ＋1　　いいえ −1

5．#4への回答が「いいえ」のとき、それはあなたが予算を知ればすべて使っ
てしまうと彼らが感じるからか？

　　はい −2　　いいえ 0

7 ｜ セールスとマーケティング

6. 彼らは積極的にディープダイブ（深い分析）や計画フェーズに進み、仕事の範囲を決めようとするか？

　　はい ＋2　　いいえ －2

クライアントのチームとリソース

1. その見込み客は、ビジネスの目的について明確なビジョンを持っているか？

　　はい ＋1　　いいえ －1

2. その見込み客には、彼らの側でプロジェクトを管理する専門要員がいるか？

　　はい ＋1　　いいえ －1

3. そのプロジェクトを管理する担当者は、デザイナーやプロダクトデザイン会社と一緒に仕事をした類似経験を持っているか？

　　はい ＋1　　いいえ －1

チャレンジと創造性

1. これは私たちがワクワクして仕事をするような、チャレンジングで面白いプロジェクトか？

　　はい ＋2　　いいえ －2

2. このプロジェクトを社内稟議で通すのは難しいか？

　　はい －1　　いいえ ＋1

3. このプロジェクトの仕事をすることで、私たちは付加価値を得られるか？

　　はい ＋2　　いいえ －2

　お気づきのように、すべての質問が同じ重みづけをされているわけではない。たとえば、経験のない企業がデザイナーやデザイン会社と一緒に仕事をすると、最も問題が起こりやすいことがわかっている。私た

ちはデザインサービスを初めて発注する会社と仕事を共にするとき、プロセスに対する理解の欠如、価値についての混乱、デザイン会社をパートナーでなく単なるベンダーと見なす感覚などが問題になるのを目にしてきた。

　私たちが自ら経験し、あるいはトップデザイン会社で目にしたように、セールスとマーケティングは表裏一体であるが、特定の役割は分割すべきである。整合性のある機会を求め、セールスパイプラインの長期的見通しが欲しい企業では、フルタイムのマーケティング担当（あるいはチーム）を置くことがきわめて効果的である。大きなデザインスタジオでは、2人以上のフルタイム従業員によるマーケティングチームを設けることが望ましい。そのうち1人はウェブサイトでのコンテンツ作り、イベントの計画や記念品に焦点を当て、もう1人はデザイナーやデベロッパーと協力して出版物のコンテンツを制作し、またカンファレンス主催者との関係作りやイベントの講演者探しに力を入れる。

　すべての会社には独自性があり、セールスチームをどう構成するかはプロジェクトの規模や販売サイクルによって決まる。大規模で経験豊富なデザイン会社の場合、目標はチームに最高の報酬をもたらす大きなプロジェクトを獲得することである。小規模のビジネスなら、創業者やオーナーが販売サイクル全体を切り盛りすれば十分かもしれない。ほとんどの小規模デザインビジネスでは、見込み客は紹介を通してやって来る。つまり、セールスの主担当者はかかってくる電話をさばくだけで、彼のほうから外部に電話をかける必要はない。営業専門のチームを置く企業であっても、伝統的な意味での積極的セールスを行う必要はないかもしれない。彼らの主な仕事は、インバウンドの見込み客をフォローし、既存顧客や潜在顧客と次のプロジェクトを議論し、前進のための最善の方法を決めることである。これによってデザイナーやデベロッパーは、新しいビジネスの会話に毎日引きずり込まれるのではなく、自分たちのプロジェクトに集中することができる。彼らはまた、プロジェクトマネージャーと密接に連携して、チームが最初の会議で話したことを実際に実行できるかを確認する。このことは、その企業にとって最適な高レベル

7　｜　セールスとマーケティング　　　**201**

の要件の選別ととりまとめにつながる。彼らは全体として良い雰囲気を求め、さらにまた、チームメンバーにとって最高の雰囲気を追求するのである。

何百人ものデザインリーダーと話すうちに1つのことが明らかとなった。セールスに特効薬はあり得ないということだ。コンテンツ作りに長い時間をかけて、ハイレベルなクライアントがデザインパートナーに求める認知度と信頼性を高めなければならない。デザインビジネスのセールスは戦略的役割であり、突き詰めると、あらゆる人に責任がある。第一線の仕事をしていても、あるいはインボイスを発送する立場にあっても、あなたは顧客と関わり合っているのだ。あらゆる接触が状況を改善できるか台無しにするかの機会となる。特定の新たなビジネスの仕事について言えば、理想の「セールスパーソン」は、その仕事とプロセスに情熱を持つオーナーかパートナーだ。新しいビジネスのプロセスにパートナーが関与できない場合は、戦略的会話ができる専門分野のエキスパートを起用するのが次善の策である。

おわりに

セールスとマーケティングは込み入ったダンスと言える。デジタルの世界では、両者の区別はますます曖昧になっている。さらに厄介なことに、ビジネス開発の目標を達成するには、きめ細かなハードスキルと大量のソフトスキルが必要とされる。良い知らせと思えるのは、デザインリーダーは誰でも、これらのスキルを教わり改善を続けられることだ。中核となるスキルは教科書で学ぶことはできない。成功した偉大なデザインリーダーが示すのは熱意と共感力である。そういうリーダーの多くと出会うことは、それ自体が勉強になる経験だ。公式のセールストレーニングを受けたことのないリーダーでも、クライアントの問題を解決したいという情熱と欲望だけで機会をものにしているのだ。

「私は、どんなときでも、オーナーが最高のセールスパーソンだと思います。彼らには情熱があるだけでなく、意思決定ができるからです」とベン・ジョーダンは語る。「ビジネスに情熱を抱き、ビジネスの前進に

情熱を感じ、クライアントの潜在的課題の解決に情熱的な人がいたら、彼はセールスの達人になるでしょう」。ジョーダンのコメントは、私たちがデザイン業界で直接経験したことや成功したビジネスリーダーから聞いたことと一致している。ビジネスに対する情熱とセールスの成果のあいだには強い関連性があるのだ。「多くのセールスパーソンがそう話します。しかし、自分が良いと思わないものを売ってはいけないことを認識するのも大事だと思います」とジョーダンは話す。「興味を感じられないものを売る人以上に活気のないセールスパイプラインはありません」。

この章のポイント

→ セールスとマーケティングを別々の活動と見なすことはできない。両者にはあらゆる段階で深いつながりがある。

→ 成功しているデザインリーダーは、自分自身をチームの最上位のマーケティング＆セールス担当者と考えている。

→ 今では、プロセス、スキル、チャレンジ、インサイトについて透明であることが規範と考えられている。ブラックボックスの方法論やプロセスは要らない。

→ ビジネスに対する情熱と熱意があれば、ほとんどすべての人がセールススキルを高めることができる。

→ セールス活動は、正しく行われるなら、お互いに利益を生む関係作りとその成果に関する一連の話し合いにすぎない。

→ 紹介と口コミに頼るだけでは十分ではない。組織的な見込み客作りから健全なパイプラインが生み出される。

→ あなたの会社のフォーカスと強みを示すセールスレンズを開発することによって、営業努力を適切な機会にささげ、将来性のない交渉を避けることができる。

→ セールスに終わりはない。順調であっても、パイプラインに仕事を追加しなければならない。

→ そうは言っても、浮き沈みに備えよう。たゆまぬ努力を続けても、結果は毎月のように、また季節によって変化することを自覚しよう。

8 | 最大の過ちから学ぶ

はじめに

　最高の教訓は、失敗から得られるかもしれない。デザインリーダーは毎日失敗を経験しており、小さなミスもあればとてつもなく大きな失敗もある。だがたいていの人は、自分の失敗とそこから学んだ教訓を覚えてもいない。なかには覚えていたくもない失敗もあるが、そんな失敗は誰にも経験があるものだ。「グレッグ（・ストーレイ）と私はOwner Campで、失敗をテーマにワークショップを開催しました。だから、失敗については詳しいですよ」とHappy Cogのグレッグ・ホイは言う。「半日のワークショップでしたが、週の半分くらい続けられたかもしれません」。かつては失敗について人に話したりみなで話し合ったりすることはなかったが、今では頻繁にブログの話題になっている。また多くのデザインカンファレンスで失敗について語り合われる。たとえそれが表舞台ではなく終了後にバーで一杯飲みながらだとしても。この業界にとって幸いなことに、デザインリーダーは自分の失敗やミスの話を進んです

るようになった。高い透明性が新たな常態となり、そのおかげでこの本を書くことができた。リーダーたちは、現在の技術発展と経済市場のなかで好調なデザイングループを運営する課題について率直に語り、そこから私たちは改善法を学ぶことができる。私たちはリーダーに、彼らが学んだ厳しい教訓のなかで最も忘れがたいものを尋ねた。

ビジネスはデザインプロジェクトである

　インタビューでわかったように、すべての業界に共通しているのは、オーナーやリーダーが技術分野の職人であることが多く、偶然の出来事から事業を経営するようになったことだ。技術分野のエキスパートがビジネスのエキスパートになれるわけではなく、これはデザイナーにも言える。私たちがインタビューしたリーダーの多くにとって、最大の突破口はビジネスをクリエイティブな挑戦と見なせるようになったことだった。しばしば、長年にわたるハードワークと多くの試行錯誤の末にブレイクスルーが起きている。デザインリーダーにとっては、デザインの技巧を学ぶより事業経営の技巧を学ぶほうが重要なのだ。

　「この事業を始めて15年になります。創立5周年は、成功するには5年かかることを悟った年でした」とPlankの創業者、ウォーレン・ウィランスキーは語る。「会社を始めたとき、もう1人共同創業者がいましたが、彼女は4年目に辞めました。彼女が辞任しようとしていたとき、それまで厄介なことを押しつけ合って運営していたことがわかったのです。意思決定を押しつけ合い、実は2人とも自分が責任を持とうとはしていませんでした」。リーダーシップ構造が変わると、ウィランスキーは事業をどのように営むべきか熟考せざるを得なくなった。「私たちは2人ともコミュニケーション学専攻で、ただ小さな会社をやろうと思っただけでした。誰か他の人のために働くのではなく、すべては何とかなるだろうと考えていたのです。そして彼女がいなくなると、突然、私が全責任を担うことになり、"でも自分が運営しているのは本当に会社

だろうか？　これから会社らしく経営していけるだろうか？"と自問しました。そんな状況に追い込まれて自覚が生まれたときに、会社の真のオーナーになったのです」。会社に理念がないと気づいたことがPlankに転機をもたらした。さらに、ウィランスキーが自分のデザイナーとしてのスキルをリーダーの問題解決に応用できたとき、次のブレイクスルーが訪れた。「そのときまで会社経営に抵抗感があったのは、経営自体をクリエイティブな活動と見なしていなかったからです。そのときに突然、経営のプロセスはそれ自体がクリエイティブなプロジェクトだと気づいたのです。私が取り組んでいたのはオフィスのプロジェクトではありませんでした。クリエイティブプロジェクトそのものである会社に取り組んでいたわけです」。

　ウィランスキーの誤りは、事業経営を行うことが自分のスキルセットの守備範囲外だと考えていたことである。結局のところ、彼はコミュニケーション学を専攻したデザイナーにすぎず、ビジネスを理解していなかったのだ。「しかしそんな風に経営の面白さがわかってくると、実際に会社を運営することで満足できることがはっきりしました。つまり、私は財務、管理、ビジネス開発、マーケティングを自分の仕事として選択したのです」。ビジネスのリーダーシップとは、解決すべきデザインの問題である。デザインは解決策を作り出すが、ビジネスは解決すべき問題の連続であることが多い。デザインリーダーの54％は、正しい指導によってデザイナーがビジネスリーダーになれると信じており、またインタビューしたリーダーの36％は、デザイナーが立派なビジネスリーダーになれると考えている。

　ビジネスリーダーシップはデザインの問題かもしれないが、デザインリーダーが起業を決めた動機はもっと自由が欲しかったからだとよく述べていた。彼らは、他の人のために働くことでは得られない統制力を求めている。リーダーは他の人がビジネスで犯した過ちをたまに目撃して刺激を受け、自分の会社を立ち上げる。「チームにいて、メンバーがミスをするのを見たことが大きく影響しています。どうしてこんな風にしているのか？　なぜ他の方法でやらないのか？　などと周囲に聞く

8 ｜ 最大の過ちから学ぶ　　207

ようになるのです」とHaught Codeworksのオーナー、マーティ・ホートは言い、起業する前の会話を思い起こす。「"これは明らかだと思うけど、みなはそう思わないの？"などといろんなことを口にした後で、"オーケー、これは自分でできる。絶対に自分たちでできると思う。結果はそのうちにわかるけれど、私はうまくやれる"となるんです。それをしたいというやる気、そして絶対にうまくやれるという気持ちが私を駆り立てるのです。私は冒険家なので、失敗を怖がったりプロジェクトが期待ほどでないことを恐れたりはしません」。

　トレーシー・ハルヴォルセンがFastspotを立ち上げたのは、デザインプロジェクトのようなものだった。他の会社で働いているときに目撃した失敗に刺激を受け、新しい解決策を生み出したのだ。「起業したのは、少しばかり失敗を目撃したからでもあり、多少デザインを追求したかったからでもあります。私は何かにつけ黙っているのが苦手です。そんな性質だと進んでリスクを取る羽目になって、たまたまリーダーの地位に就くことがあるのだと思います。そんな風にリスクを負えるから、特にデザインエージェンシーの経営で、以前見たやり方よりうまくやりたいと思えるのでしょうね。私にはひどい会社でのすばらしい経験がたくさんあります。素敵な人たちと仕事をしていましたが、上司や管理プロセス、文化はひどいものでした。そこで"よし、この辺で何かを変えてみよう"と考え、起業したのです」。ホートとハルヴォルセンが説明したこの意欲的な態度は、ビジネスをデザインの問題ととらえるアプローチにぴったりだ。自由を求める気持ちがデザインスタジオの立ち上げにつながるのだろうが、デザインリーダーはデザイン思考で問題を解決し、活躍し続けるのだ。

　良いデザインを象徴するものとして、共感以上のものがあるだろうか。模範的な良いデザインは、ほとんどの場合、物語のあらゆる側面を理解することから始まる。デザインの手法としての共感は、リーダーシップに最適だという気がする。「共感によるリーダーシップです」とサラ・テスラは言う。「世の中には少々厳しくなりがちな成功者が多く、あなたもリーダーはそうあるべきだと思っているかもしれませんね。杓子定規

に厳しい意見などを言うべきときもあるでしょう。そんなことも必要ですが、共感的なアプローチはそれ以上のもので、まったく違うタイプの尊敬を受けるようになるのです」。本で読んだ伝統的なリーダーのように、あまりにも厳格さを求めすぎていたことが誤りだったとテスラは言う。「私は最初の頃、たくましいリーダーになれるか試していて、よし、石頭の頑固者になろうと考えました。それでチームメンバーに厳しい答えを返していると、すぐに"この野郎、何を言うんだ"という顔をされるのです。"いったい何様のつもり？"という顔です。私は早々に、頑固者でいることは間違いだと悟りました。もう二度とあんなことはしません」。共感をもって失敗に対処することで信頼をもたらし、学習をより深く包括的なものにする洞察を得ることができる。

いくらか手放す

　創造的になれる場所を用意することは、デザインリーダーの最優先事項である。従来のデザイン系ルートを経てリーダーになった人にとって、クリエイティブ作業を他の人に渡して委任するのは難しいことが多い。「当時、どうすればクリエイティブになれるかといろいろ考えていました」とすでに解散したTeehan+Laxの共同創業者、ジョン・ラックスは言う。「その1つは、ブレインストーミングのやり方に関することでした。創造性は手続きを積み重ねることで高められる、つまり創造性を管理できる一連の手順があるように考えていたのです」。物事を進めるプロセスを見つけることはデザインリーダーに必須の仕事だが、あまりにも念入りにプロセスを決めてしまうと逆効果になることがある。「その頃わかっていなかったのは、それでうまくいくこともあるけれど、リーダーである自分の仕事は、枠組み、つまり創造性が生まれる場所を作ることで、自分の意志を押しつけることではないと自覚すべきだという点でした」。
　クリエイティブ作業のプロセスを手放すには、信頼の文化を築かなけ

8　最大の過ちから学ぶ　　209

ればならない。「私は自分の意志を押しつけすぎていました。そして最後にどうなったかといえば、クリエイティブミーティングに入り込んで、メンバーの活力を全部吸い取っていました。自分の支配的な意見や進め方がまかり通るミーティングになっていたのです。"いや、今はこうするべきで、これが今取るべき手だ。この仕事をやろう。この活動をやろう"とよく言ったものです」。リーダーの仕事は創造のための手順を決めることではなく、創造性が生まれる場を作ることだ。ラックスは、それを自らの体験から学んだと話してくれた。「明確な価値観を持つことからすべてが始まるというのが個人的に学んだことで、デザイン組織にも役立つことです。自分が何を大切にしているかを理解し、尊重する文化を創造すべきです。そうすれば、その世界のなかで創造性とアイデアが花開きます」。過剰な手続きの代わりになる方法は、多くのリーダーが積極的に提案するものよりもっと軽やかな感じがする。やり方を改めて、チームに自分たちで具体策を考え出す余地を与えれば、創造性が高まる。「最初に私が関わったときに思っていたよりずっと柔軟なやり方です。はじめはプロセスが創造性を管理する手法だと考えていましたが、やがてそんな方法は正気の沙汰ではないことに気づきました」。

「私の最大の過ちは、誰かを自由にさせるべきだとわかっていながら自由にさせないことでした」とサラ・テスラは言う。「経営者が学ぶべき何かがあるとすれば、それは腰を据えて自由にやらせることです。あなたが起業して間もないときに、どうすれば経営がすべてうまくいくか考えていて、雇った誰かがあまりチームに溶け込めないとか、チームを沈滞させるとかすると、あなたは首を突っ込んでもっと深く関わりたいと感じるでしょう」。テスラの話を聞いて、多くのデザインリーダーが不安感から、問題のある状況を管理しすぎることを思い出した。チームが自分たちで解決するはずだと信頼するにはある程度時間がかかるかもしれないが、それは学ぶ価値のあるスキルだとテスラは言う。「信頼するように気をつける必要があります。そうしなければ、ずっとこの問題に悩まされるでしょう」。

成長を管理する

　成長は成功する企業がたどる自然な道である。たいていの場合、何らかの形で成長するのが望ましいが、成長のための成長が入り込むと、間違いが起きる。「1990年代の後半、私は会社を急成長させていました。需要が多かったのと、それが可能だったからです」。デイヴ・グレイはXPLANEの苦しかった急成長期を振り返る。成長とは、価値を生み出してその価値を求める需要の増加にうまく応えた結果である。サービス業では一般的に、成長は人の追加を意味し、人の増加は面倒な事態の増加と責任の拡大につながる。したがって、成長を支えるために人材を追加することは諸刃の剣である。もし、成長だけがあなたの戦略だとすると、短期的・長期的な成長を確保するための基本的要素が欠けている。

　「途中で何度か失敗しました」とグレッグ・ホイは振り返る。「私たちが行った雇用の決定は、少し意欲的すぎました。特に予測のニーズに合わせて一度に大勢の人を雇った点で大胆すぎました」。ホイの話は、すべてのデザインスタジオでよくあることだ。新しいプロジェクトが見込まれると、その仕事を行うメンバーの検討が必要になる。次に来るプロジェクトに適した規模のチームを持つことは、あらゆるスタジオオーナーと幹部が抱える現在進行形の関心事だ。しかしこれは卵が先か鶏が先かという、どちらを先にしたほうがいいとも言えない問題で、簡単な解はない。「この業界で仕事をしていると、あなたのセールスパイプラインはある日はこうでも、2週間後にはまったく変わってしまいます。そんなわけで、ある週にこう見えるパイプラインを支える人材を雇用しても、2週間後には別の状況になっているのに気づくでしょう。サイコロの目で決まるようなものです。私たちは以前、そんな状況に遭遇し、その失敗から教訓を学びました」。ホイには、来るべき仕事の予測にもとづいてチームの規模を拡大したが、その仕事が予算承認されず人員整理せざるを得なくなった苦い経験がある。

8 ｜ 最大の過ちから学ぶ　　　211

「クライアント審査のプロセスはすべて、そこから教訓を得たものです」とホイは言う。「あなたは、翌年あるいは2年先まで安泰だと思って、金のなる木の顧客を相手にすることもあるでしょう。そのプロセスのあいだに彼らが見せるかもしれないアラート信号について真剣に考えないのです。あなたは小切手を手にできても次の仕事が期待できず、それは今までで最も苦痛に満ちた小切手となってしまいます。私たちはそんなクライアントとの関係を、長年だらだらと続けたことがあります。そうしたクライアントを獲得して当面の安全性を確保する点でちょっと欲を出しすぎたからです。長い間、それが私たちの今後にどう影響するかを考えもしませんでした。要するに、これらが結構大きな失敗です……。それからほぼ毎日、部下のことで失敗して学んでいます……。私はビジネススクールに通いましたが、心理学の勉強はしていなくて、どうすれば人を動かすことができるのかわからなかったのです。これまでにたくさんのことを吸収してきましたが、常に人材で失敗しています。私はこれらの失敗から学び、将来は絶対にこんな失敗をしないようにと努力しているところです」。

　成長期の痛みは続いており、本当に終わることはない。「再編後の最初の数カ月間は、私たちがどんな会社になりたいのかを定義しました。その話を共有し語りかけ、それからはどのくらいそれに近づいたかを見るために、調査し観察し耳を傾けることができました」とベン・ジョーダンが最近のnGen Worksの再編成について話す。nGen Worksを率いて共同所有権を持つジョーダンは、会社が長年続けてきた関係と将来の見込みをバランスさせたいと思っていた。これをうまくやるには、意思決定の焦点を合わせるためのレンズの開発が必要だった。「過去に存在したこと、うまく行われたことで復活させる価値のあるものを見極める必要がありました。それには何度も耳を傾けて質問しなければならず、私は距離を置いて社内で今起きていることを観察しました。そしてこの調査によって、過去に起きたことと従業員が抱く将来への期待を比較することができたのです。そのための枠組み（フレームワーク）が見つかったのだと思います」。枠組みが作られると、ジョーダンは何が

将来のnGenにふさわしく、何が将来のビジョンに合わないかを確認できた。彼が得た洞察のなかには、厳しい決断を要しチームに変化をもたらすものもあった。「一部の従業員とは別れなければなりませんでした。それが容易になったのは、この枠組みがあったからです。以前の私のリーダーシップスタイルなら、ただ必死に取り組んで、この方針でやることになっていると言い立てるだけで、方針の基準となる枠組みがないので失敗していたでしょう。従業員は仕事をどのようにやるのか、またその理由を知りたいのです。それは期待感を持たせるゲームですから、私は人生で初めて急がないことにしました。そして思い通りの成果を上げていると思います。従業員は、会社が何を行っているのかを十分に理解しているのです」。

会社のビジョンが明確になると、チームは会社の代表としてどのように行動し、自らの成長をどう心がけるかを理解するようになった。「従業員は会社の大使になっていて、友人に"おい、お前もここで働くべきだよ"と言っています。わが社は今、従業員がこの新しいビジョンを継承し、自力で新しい枠組みを引き継ぎ始める段階に入っています。従業員が新たなクライアントや従業員候補者に、私たちが3、4カ月前に作ったビジョンについて話しているのを聞くとワクワクします」。会社の成長の管理は継続する仕事だとジョーダンは認める。「もっといい道があると思います。変化し続けないと企業は生き残れないのです。私たちが今は枠組みと整合していることに心から満足しています。従業員は枠組みが何かを知っているのです。現在のnGenWorksとはどんな会社で、私たちが何者であるかを従業員に聞けば、彼らは私も同意する返答をできるはずです。それが決定的に重要なことだと思います」。

クライアントと共にあるということ

Codeworkのマーティ・ホートは、長年クライアントとの関係性における失敗をたっぷり経験してきたと話す。「私はビジネススクールには

行きませんでした。仕事をしながら、経営でやるべきこととやってはいけないことを学んできたのです。経営の多くは、実際のソフトウェアのデザインや開発とは何の関係もありません。さまざまな関係性の管理、計画の立案のようなこと、取り扱う内容の確認といったことだけです」。

ホートの最大の関心事はチームのことだ。小さなチームだが、気を抜かずに、彼らの仕事を支える場所を提供すべきだと感じている。「従業員が保護されていて、仕事を持ち、正しい方向に向かっていて、楽しいプロジェクトに取り組んでいることを確認したいのです。そんな面はあるのですが、心の底ではこちらの事情を考えていないクライアントに対応することもあります。クライアントを信用しすぎることが私の失敗の最大要因だろうと思います。結構うまくやってきたのですが、非常に不誠実なクライアントにひどい目に遭わされ、裁判を起こしかけたこともあります。それはまるで……いや、ともかくクライアントに関しては賢くなることです。誰かと契約を結ぶときには、その契約があなたにどんな利益をもたらし、どんな利益をもたらさないかを必ず把握するべきです。問題がある場合は、悪化するままどうしようもなくなるまで放っておくのではなく、それをどのように積極的に伝えてどう取り組むかが大事です。その過程で双方が相当なダメージを受けます。私はこれまで十分学んだので、それは回避できています。目を光らせて用心を欠かしません。早いうちにアラート信号を探し、それが強くならないことを確認します。アラート信号がさらに強くなれば、チームに影響するからです。私はチームを隔離して仕事をさせ、クライアントとの不愉快な場面に遭遇して仕事に支障が出ないようにしています」。

「いちばんの教訓は、専門サービス会社のクライアントとの問題から得たものです。私たちは長い間立派にやっていましたが、景気が突然落ち込み、不況に突入したのです」とThink Brownstoneのカール・ホワイトは思い起こす。彼のチームは専門サービスプロジェクトをやり遂げる必要があったが、不況のため、近い将来にどこからキャッシュフローを得られるかが見通せなかった。市場は逼迫し、チームがプロジェクトを期限通りに終わらせなければ、大規模なスタッフのレイオフが必要だ

と考えていた。それにもかかわらず、クライアントはホワイトの出費に無頓着で、クリエイティブチームを縮小しなければならない理由も理解できなかった。「次の仕事があるので、それほど縮小できないことはわかっていました。終わらせなければいけない多くの仕事に取り組んでいたので、深夜までかかりきりだったのです」とホワイトは説明する。しかし、誤った情報を用いてクライアントの期待に対応していたと悟ったことが、突破口となった。クライアントが理解できる言葉でキャッシュフロー等の話をする必要があったのだ。「クライアントの経営陣のやり方がわかっていなかったので失敗したのです。彼らは公認会計士で、数字人間でした。彼らが理解できる方法で伝えるべきだということがわかり、スプレッドシートを使って、図も添付して視覚化しました」。適切な手段で適切なコミュニケーションを取ったことが功を奏した。「本当に次の朝、すべてが変わりました。誰も解雇しなくてよくなったのです。彼らに理解できる言葉で話すまでは、私たちは組織のなかの別の小さな歯車だったのです。彼らにとってもうひとつのリソースにすぎず、それははずされそうなリソースでした」。コミュニケーションスキルは、デザインリーダーの成長にとって最も重要な要素となっている。業界のベテランでも、こうしたスキルを日々改善する必要があるのだ。

デザインリーダーとしての境界線がどこにあるかを学ぶためには、ときには苦労が必要である。エージェンシーを経営するデザインリーダーにとって、クライアントとエージェンシーの関係性を管理するのは難しいことがある。マーティ・ホートが前に述べたように、デザインリーダーであることは単にプロダクトをデザインすることではない。その大半は、人と期待を管理することである。「昔からあることばかりです」。グレッグ・ストーレイは創業時に新米デザイナーとして犯した過ちについて、過去を振り返る。「トラック運送協会のロゴを作ったことを思い出します。彼らの依頼で、会報をデザインし直したのです。ウェブになる前ですから、年4回の会報をデザインし直し、そのロゴを作りました。仕事が済んで彼らは会報の仕上がりにすっかり満足し、その後で"ロゴが気に入ったけれど、これはいくら？"と聞かれました。300ドルだと言うと、

8 　最大の過ちから学ぶ　　215

"ええっ?! 会報はいただくけど、ロゴは要りません"と言われたのです。私ははっきり言いました。"いいですよ。しかしそうすると決めたら、このロゴの所有権は私のものですよ"」。ストーレイはそのクライアントが間違ったことをせず、デザインワークを保護する知的所有権協定を尊重するものと考えていた。「それは永久に私の所有物で、私にその所有権があることを説明しました。"対価を支払わなければ使用できない"という基準に従ったのです。ところが2カ月後、ロゴ付きの会報が発行されたことに気づきました。そりゃあ、こんな連中を1人で追いかけて、"300ドル貸しがあるんだけど"と言うのは度胸が要りましたよ。何度も電話をかけ、手紙のやり取りをし、結局はお金を払ってもらいました」。

コミュニケーション、特に間違ったコミュニケーションはおそらく、すべてのデザインプロジェクトにおいて最大の問題を引き起こす。数百万ドル規模のプロジェクトを遂行するデザインエージェンシーであろうと、フリーランサーの初仕事であろうと、大半の問題の核心にあるのは、みなが同じ情報を共有しているのを確認することだ。「たとえば、多くの問題がコミュニケーション問題と関係しているのです」。ストーレイはデザインスタジオAirbagの経営についてそう語る。「創業期を振り返ってみると、問題の多くは単なるコミュニケーションの問題です。特にウェブデザインを始めてから私が学んだのは、仕事が遅れてもっと時間が必要な場合は、クライアントに電話してすぐに伝えるべきだったということです」。潜在的なコミュニケーション問題が起こる前に予防することによって、リーダーは成功を続けることができる。デザインリーダーであることは、単なるデザインの仕事以外に価値を求めることを意味する。ピクセルだけを操作していても、問題は解決できないのだ。「私が学んだ大きな教訓は、Photoshopに没頭しないことでした。それは何の役にも立ちません。Airbagを創業してから1、2年は、人を怒らせてばかりでした。クライアントを怒らせ、その結果としてクライアントを失う —— そんな苦痛やストレスや緊張感を全部経験してやっと、デザインの世界ではコミュニケーションがデザインよりも重要なことに気づいたのです」。

「事業所有者として最初の頃に私が犯した最大の過ちは、クライアントをチームより優先させ、チームを疲弊させるままに放置したことだと思います」とSmallboxのジェブ・バナーは言う。「特にある2つのプロジェクトで私が仕事と従業員を守るべきだったのですが、私はそうせずに、クライアントが私たちを引っぱり回すままにしたことで私とチームの信頼関係が損なわれてしまいました。私は従業員にとってすばらしい環境を作るのが自分の仕事だと考えていて、彼らの仕事はその環境のもとでクライアントのために立派な納品物を制作することで、それと引き換えにクライアントに代金を支払ってもらいます。多くの場合、リーダーはクライアントに奉仕して従業員は飼い犬のようになるのですが、わが社もそうなっていました。失敗したおかげで本当に良い経験ができました。今はめったにそんな失敗はしません。だからといって、たまに私たちが仕事でへまをやらないわけではありませんがね。でもそれは別の話です。私たちはまとまった集団として"私たちならもっとうまくできますよ"と言っているのです。しかし、クライアントが間違っているのに、相手を喜ばせるために自分のチームを犠牲にするのは誤りでした。その失敗から学んだのです」。外部顧客でも内部顧客でも、このダイナミクスに気づかないことが多い。クライアントは依頼し、リーダーは「お客様は神様です」の精神で対応する。だがデザインリーダーが心にとどめておく必要があるのは、相手がデザインのエキスパートではないことだ。クライアントの要求の意図は適切かもしれないが、彼らは必ずしもデザインに精通しているわけではない。リーダーがこれを心得ていれば、プロジェクトの成果を出すのに役立たない要求を避けられるだろう。

より良い過ちを犯す

　良いコミュニケーションには意思決定が伴う。リーダーにとって何より大切なことは、自信を持って決断を下し、それをチームに伝えること

8　最大の過ちから学ぶ　　217

である。そして多くのリーダーが明確な意思決定をできるのは、明確な
ビジョンがあるときだけだ。「私たちの大きな問題は、夫婦で事業をやっ
ていることなんです」。Funsizeのアンソニー・アルメンダリスは、確実
に成功するための意思決定について語る。「この仕事に結婚生活もチー
ムの生活もかかっていて、すべてをつぎ込んでいるので、絶対に過ちを
犯すまいと必死に努力していました。とにかく失敗するわけにはいか
ない。最初のうちはこんな風に考えて、そう考えることで困ったことに
なりました。決断に時間がかかりすぎたのです」。アルメンダリスと妻は、
意思決定が遅いと統率が難しくなることを自覚し、決断を容易にする
仕事の進め方を考案した。どんな働き方をしたいかという明確なビジョ
ンを持つことで、そのビジョンに合う／合わないを知るための構造を得
られたのだ。「事業について一生懸命に考えているうちに、自分たちの
やりたいことが鮮明になってきました。どんな場所で働きたいのか、誰
と一緒に働きたいのか、どんなクライアントを相手にどんな事業をすれ
ば実際に楽しくやっていけるのか、といったことです」。

こうした過ちから学んだことがFunsizeの成功の土台となっている。
「私たちは絶えず過ちを犯していますが、ここにはすばやく適応して変
化できる環境があるのです」とアルメンダリスは言う。「こうした失敗
から学んでいるのですが、特に初期の段階では、多少失敗するのは刺
激的で面白いものでした。起業してまだ1年8カ月ですが、成長に伴
うひどい痛みをいくつも取り除いたような気がします」。過ちを避ける
ことは不可能だと思われるが、大きな過ちをすぐに取り除くことは目
指すべき戦略の1つだろう。これは他者から学ぶことによっても達成で
きる。メンター、アドバイザー、幹部、パートナーは、洞察を得るため
の理想的な情報源になる。若いデザイナーがメンターを見つけるのは早
ければ早いほど良い。

「1つ大きな問題が、この業界に入って起業する若い人と関係してい
ると思います」。Envy Labsのジェイソン・ヴァンルーは失敗について聞
かれて、そう警告する。「その問題についてお話ししましょう。この業
界のすばらしいところは、起業家精神、つまり個人主義、ものごとを

作りたい創造したいと思う心があることです。少なくとも私の場合、この業界で起業した当時は独立独歩の道を踏み出して、自分の領地を見つけたいという強い願望がありました。しかしそんなやり方は、この業界に参入する人の大多数にはまず勧められません。私は、しっかりした会社かエージェンシーかグループに入社して、下働きしてアプレンティスになったり、従業員から少しずつ学んだりできればよかったと思います」。デザインリーダーに必要なデザイン以外の知識がないまま 1 人で起業してはいけない、とヴァンルーは注意する。「私はどうすればよいかまったくわからず、契約書の書き方も、クライアントの扱い方も知りませんでした。今でも、こうしたことの多くを実地で覚えるように努力しています。大きな問題というのはそれなんです。あなたが必ずしも若くなくて、少し歳を取ってから業界に参入する場合でも、業界になじみがなければ、実際にメンターになってくれる人を探しましょう。ひとり立ちして始める前に、実際のやり方を見せて少し体験させてくれる人を見つけるのです」。

デザインチームや事業を率いるには、あなたより先にこの道を歩んだリーダーから指導を受けることだ。ヴァンルーが指摘するように、あなたがチームの責任者なら、デザインの知識より契約書の作成法を知っているほうが大切かもしれない。「事業の内部での実際の動きを学ぶことです」とテスラは繰り返す。「お金については、時間をかけて資金調達のやり方をよく理解しておきましょう。私は仕事を獲得して片づけることに夢中になるだけで、創業の基礎となる資金調達の把握に時間をかけていませんでした。初期の段階でそれがあれば、好スタートを切ることができます。それは大きな助けになります」。この最後のポイントは、この本の核心となるアドバイスだ。デザインリーダーになるには、セールスリーダー、財務リーダー、人事リーダーなど多くのリーダーを兼ねていなければならない。デザインリーダーシップは多面的なものである。あなたが小さなエージェンシーの創業者であろうと、グローバル企業のデザイン部門のトップであろうと、あなたのスキルセットが単なるデザイン分野に限られることはあり得ない。

8 ｜ 最大の過ちから学ぶ 　　219

おわりに

　過ちは人の常である。それを避けることはできず、私たちが耳にしたように、こうした過ちを学習体験ととらえるほうが明らかに役立つ。これらの障害を受け入れ、敬意まで示すのは決して簡単ではないが、それこそが最善の道である。デザインリーダーの他と異なる特徴は、過ちはあるものだと心得て人生に取り組む能力だ。ここには根本的な教訓も含まれている。失敗と失望に直面すると知りながら統率する勇気を持つのは特別な資質だ。もっと困難な道を歩むことは怖いことだが、その成果はさらに大きい。「恥ずかしがってはいけません。尻込みしないでください」とジョブ・バナーは言う。「恐れずに自分をさらけ出しましょう。勇気を出すのです」。

　私も人並みに過ちを犯してきたが、最大の過ちから最高の教訓を学ぶこともできた。私にとってこうした教訓はたいてい、従業員とクライアントの期待を管理するということで、大げさな約束をしないことが重要だ。私は起業して間もない頃、あまりにも多くの人を喜ばせたいと思い、その結果、自分のチームとクライアントに過剰な約束をした。あまりにも手を広げすぎて、結局たくさんの人をがっかりさせることになったのだ。最悪なのは、こんな行動が極度の疲労につながることで、私の場合は数日間病気で寝込んでしまった。サービス業界にいても、現実的な期待感を抱かせることが最善の方法である。

この章のポイント

→ あらゆるプロジェクトの問題の根底にあるのはコミュニケーションの問題だ。みなが同じ情報を共有することで過ちを防ぐことができる。

→ クライアントに共感して彼らの業界の言葉で話せるようになろう。デザインの専門用語だけを使わないこと。

→ ビジネスもまたクリエイティブな仕事である。デザインプロジェクトのようにビジネスに取り組めば、過ちを防ぎ、ビジネス教育を受けていないデザインリーダーもビジネスにもっと魅力を感じることができる。

→ 意思決定力が明確でないときに過ちは起こりうる。責任は誰かが取らなければならない。

→ 手放して委任することで、デザインリーダーはより大きな問題に対処する自由と時間を手にできる。

→ チームとの信頼感を築くことが委任を成功させる最善の方法である。

→ 成長のための成長になってはならない。より大規模になるという目的で規模を大きくするのは合理的な戦略ではない。

→ プロジェクトへの期待を全員にはっきり伝えるために契約と文書化を進め、過ちを避けよう。

→ 事がうまく運ばないときには、契約書は何よりの頼みの綱となる。

著者について

　リチャード・ベンフィールドは、ボストンを拠点とするプロダクトデザイン会社、Fresh Tilled Soilの共同創業者でCEO。同社は、その分野のリーダー顧客向けにユーザーエクスペリエンスとデジタルプロダクトのデザインを行っている。Fresh Tilled Soilはこの10年で、600以上のウェブサイト、ウェブアプリケーション、SaaSプロダクトをデザイン・構築した。クライアントにはIntel、Harvard、Titleist、Constant Contact、Cigna、Rethink、Robotics、Jiboなど数百社が含まれる。『デザインリーダーシップ』は、オライリー社から刊行された著者の2作目の書籍。第2作は『デザインスプリント ——プロダクトを成功に導く短期集中実践ガイド』（オライリージャパン, 2016）で、C・トッド・ロンバルドとトレース・ワックスとの共著である。

　リチャードは生物学の学位を取得した後、ウェブテクノロジーの世界に魅せられ、デジタルの世界で下積みからたたき上げて地位を築いた。最初の仕事はアフリカ最大のTV＆インターネットメディア事業、MultiChoiceのオンライン広告のセールスだった。インターネットバブルの時期には第一線で活躍し、ロンドンに本拠を置く国際広告技術会社Accelerationを共同設立した（現在は最大手広告代理店WPPが所有している）。

　リチャードは米国、英国、ヨーロッパ、アフリカにおいて、プロダクトデザイン、高度なビジネス戦略、グローバルマーケティングキャンペーン、クライアントへのワークショップを提供してきた。彼には多彩な人生経験があり、南アフリカ国防軍の将校であったことも、遠方のコモロ・イスラム連邦共和国で潜水の指導者をしていたこともある。コモロではサバイバルスキルを習得し、ペースの速いテクノロジー業界で毎日それを使っている。また彼は、数社のインキュベーターやアクセラレーターのメンター、スタートアップ・インスティテュートのアドバイザーおよび講師を務めている。

デザインリーダーシップ
デザインリーダーはいかにして組織を構築し、成功に導くのか?

2018年5月24日　初版第1刷発行

著者　　　リチャード・ベンフィールド

訳者　　　三浦和子

発行人　　上原哲郎

発行所　　株式会社ビー・エヌ・エヌ新社
　　　　　〒150-0022 東京都渋谷区恵比寿南一丁目20番6号
　　　　　FAX:03-5725-1511　E-mail:info@bnn.co.jp
　　　　　www.bnn.co.jp

印刷・製本　日経印刷株式会社

翻訳協力：株式会社トランネット
版権コーディネート：日本ユニエージェンシー
日本語版デザイン：waonica
日本語版編集：村田純一、森田尚

ISBN 978-4-8025-1100-1
Printed in Japan

○本書の内容に関するお問い合わせは弊社Webサイトから、またはお名前とご連絡先を明記のうえE-mailにてご連絡ください。
○本書の一部または全部について、個人で使用するほかは、株式会社ビー・エヌ・エヌ新社および著作権者の
　承諾を得ずに無断で複写・複製することは禁じられております。
○乱丁本・落丁本はお取り替えいたします。
○定価はカバーに記載してあります。